糸がつむぐお話
一宮のまちと繊維産業

末松グニエ 文(あや)

１０００年　その先へ

一宮のまちと繊維産業

モリリン株式会社　代表取締役会長　兼　CEO　森　克彦

　第二次世界大戦後に復興の兆しがようやく見え始めた頃、戦時中の耐乏生活から解放された人々は、ハレの場面で着用するため挙ってウール製の高級衣料を買い求めました。その需要に応えたのが一宮市を中心とするここ尾州産地です。戦前から培った毛織物生産の技術を生かして、1950年代初めから生産を飛躍的に伸ばすことによって、尾州には全国に先駆けて空前の好景気が巡って来たのです。織機がガチャと動けば万と儲かった「ガチャマン景気」は今も業界の語り種となっています。

　毛織物の生産は拡大が続いて1970年代には尾州は世界屈指の毛織物生産高を誇ったことがありました。世界最大の羊毛生産国オーストラリアが「羊の背に乗った国」と言われたことに倣えば、一宮市は「羊の背に乗ったまち」でした。

　しかし1980年代に入ると、わが国ではライフスタイルの変化に伴ってウールマークの付いた衣料が余り売れなくなりました。さらに安価な輸入製品が市場を席巻するに到って、尾州産地は縮小を余儀なくされています。往時はまちの到るところで鳴り響いた織機の音も消えて、一宮が依然として「繊維産業のまち」であることをこのまちの新たな住人は知る由もなく、繊維業に関わる小職としては淋しい思いを募らせておりました。

　そのような時、2012年11月に竣工成った尾張一宮駅前ビル（i - ビル）で開催された写真展を偶々訪れて、"威勢の良い織機の音が聞こえて来そうな作品"や"ものづくりに拘る職人さんへ注がれる暖かな気持を込めた作品"に注目致しました。出展者の一宮在住の写真家　末松文さんにお目に掛って、彼女が独自で始めた尾州の繊維関連工場とそこで働く人たちをテーマとする創作活動を激励しました。

そして取材の幅を繊維工場だけでなく、「ジャパン・テキスタイル・コンテスト」など一宮地場産業ファッションデザインセンター（FDC）が行う事業や、「おりもの感謝祭一宮七夕まつり」のようなイベントも紹介する活動へと拡げてもらうよう提案しました。彼女の作品はFacebookのサイト「びしゅうくん。」で順次掲載され、いつも沢山の「いいね！」に囲まれています。また地元のいちい信用金庫のご厚意で写真展を開催する機会にも恵まれました。

　彼女の本職、商業写真家の仕事の傍ら一年間の精力的な取材活動によって、一宮のまちと繊維産業をほぼ網羅することが出来ました。そこでより多くの人達に「尾州の繊維産業を元気にする活動」を知ってもらうため写真集を出版する構想が持ち上がりました。

　「糸がつむぐお話」と題するこの写真集は末松さんの情熱がつむいだ労作と言えるでしょう。

　彼女の取材活動に対して地元の繊維企業ならびに関係者にはいろいろ便宜をはかって頂きました。また写真集の作成に当たってFDCには全体の監修をお願いし快く引き受けて頂きました。厚くお礼申し上げます。

「ナモちゃん」（「ナモ」の由来は尾張弁の「・・・・・ですね」の意）
一宮市民会館前に置かれたマスコットの羊の像［スウェーデン産黒御影石製］
作者は世界的に著名な彫刻家。流政之（1923〜　　）
1974年モリリン(株)が一宮市に寄贈

「糸がつむぐお話は、セカンドモダン（近代の徹底）への宝箱」

写真家　関西学院大学教授　畑　祥雄

国つくりと近代産業

　産業革命から約260年、紡績織物産業が日本に入り約140年、そして2014年に富岡製糸場（1872～1987）が世界文化遺産になった。しかし、愛知県一宮市の紡績織物産業は、全国シェアの約20％の出荷量を誇る工場が集積稼働しており、先進国の中ではその高級仕上げを競う産地として世界で1～2位を競う。

　日本の近代化を担った紡績織物産業は、今や世界の新興国の近代化を担うように拡がり、この産業が各国を農業国から工業国へと社会システムを発展させていく。その過程では、都市への人口移動も起き、労働問題、都市問題、公害問題、交通問題、過疎問題、貧困格差問題、貿易摩擦問題など様々な問題点が生じたが、それらを克服しながら各国は近代化を成し遂げようとしている。そして、その国の産業構造は紡績織物産業から重化学、重工業、家電製品、情報機器など産業構造の中身を変えながら国民総生産を高め経済的な豊かさを達成させていく。

　このような国つくりの経済原則による産業構造の発展にともない、大量生産時代へと向かう時代への批判的精神や、衰退していくものへのノスタルジーな視点のドキュメンタリー写真がたくさん撮られ発表されてきた。写真史の中でも、1908年代にルイス・ハインが撮ったカロライナの紡績工場の一群の写真は、16歳以下の子どもを労働させることを禁じる法律制定のきっかけとなり、ドキュメンタリー写真の分野を成立させた。

　近年の日本の紡績織物工場といえば、暗い画面に重苦しい雰囲気が常に写し込まれて、最初の1枚の写真を見ただけで斜陽産業の悲哀を感じさせる意図が読み取れるデジャブ（既視感）な表現が定番になっていた。

未知数な未来への勇気

　しかし、写真家・末松グニエ 文 の「糸がつむぐお話」は、このデジャブ感を越えた写真として未知数な未来への勇気を感じさせる表現となっている。世界の紡績織物産業が交通網などの発達により分業化していく中、一宮市はすべての工程が集積する工場群を持ち、高度な技術力を誇り、世界のブランド品の最高級な布地も生産できる拠点になっている。

　ひとつの産業の勃興期・隆盛期・衰退期を経て、希少価値になったがゆえに世界的な産地としての重要性が生まれ始め、存在の意義がメタモルフォーゼ（変容）していく気配に、末松は気付き始めている。

　最初は、デジャブで同情的な眼差しが無かったとは言い難いが、しだいに末松の写真は暗く重たい色調からカラフルな被写体へと写すものが変わっていく。カメラの前に存在する鮮やかな色彩物がなぜこれまでは見えなかったのか不思議ではあるが、そこにはドキュメンタリー写真が陥る、現場に立つ前のお決まりの擦り込みストーリーが出来上がっていたか

らであろう。新聞社や放送局がニュースとして伝えるには読者や視聴者の既成概念に沿った単純な内容でないと受け入れられないが、既存の価値観に捉われないインデペンダント（自立した）な写真家は、現場に立ちながら時間をかけて自らの既成概念を壊す作業から始める。その過程では、逡巡、戸惑い、混乱が付き物であり、その後に見えてくるのが新しいドキュメンタリーの視点になる。

　末松グニエ 文 は、約5年に及ぶ取材と撮影により、ようやくその入り口にたどり着いた時点での作品が今回の写真集である。これからは世界性、時代性、世代性などの視点を加味しながら、一宮市の紡績織物産業が未知数な未来へと展開していく兆候を記録して発表することが、写真家としての次の仕事への責務であろう。

　セカンドモダン（近代の徹底）という言葉に象徴されるように、電気や電波や遺伝子のように見えないハイテク技術に取り囲まれた先進国の現代社会にあって、目に見える機械が織りなす近代産業の中には職人芸による人間的な温もりが込められ、同時に自然との共生と高級な技術から創られる心地よい布地の肌触りが、世界の紡績織物産業を牽引するトップランナーとして一宮市の新たなサクセスストーリーへのさざ波が聞こえてくる。

　この動きが大きな潮流になるためには、細密な高級技術を伝統として絶やさない様に次の世代に技術のバトンリレーが求められている。若い世代が夢と希望を抱き続け、経済的にも報われ、名誉も得られる新しい産業構造にメタモルフォーゼ（変容）するため、末松は写真家の視点をより鍛えながら、日常の現実の厳しさと世界と時代と世代をつなげる役割のドキュメンタリー写真を創り続けることが期待されている。

アートの力で社会が動く

　写真が法律を創った黎明時代から、写真が人々に勇気をもたらす現代へと役割が変わり、その先駆けになれる位置にいる写真家の末松グニエ 文の可能性がこの一冊の写真集に詰まっている。

　これを創る原動力には、支援されたモリリンの森克彦会長によるフィランソロピー精神があればこそであった。ルネッサンス時代のイタリア・フィレンツェのメディチ家のように、無から有を創るアイディア・芸術性・地域の文化度の重要性に気付いた経営者との出会いで創ることができた写真集である。一方、芸術家も社会からの支援を受容するだけの立場から、政治や経済では解決でき難い問題にアートの力で柔らかく新しい社会的システムを創造し解決へとつなげていく。一宮市の紡績織物産業が明るくお洒落で色彩感覚にあふれた工場になり、それが写真集に見事に表現されていけば世界中から若い才能が集まり、国際色豊かな次世代により一宮の紡績織物産業の技術が引き継がれることになる。

　この写真集はそのような役割を担う新しいドキュメンタリー写真の始まりにもなれる。

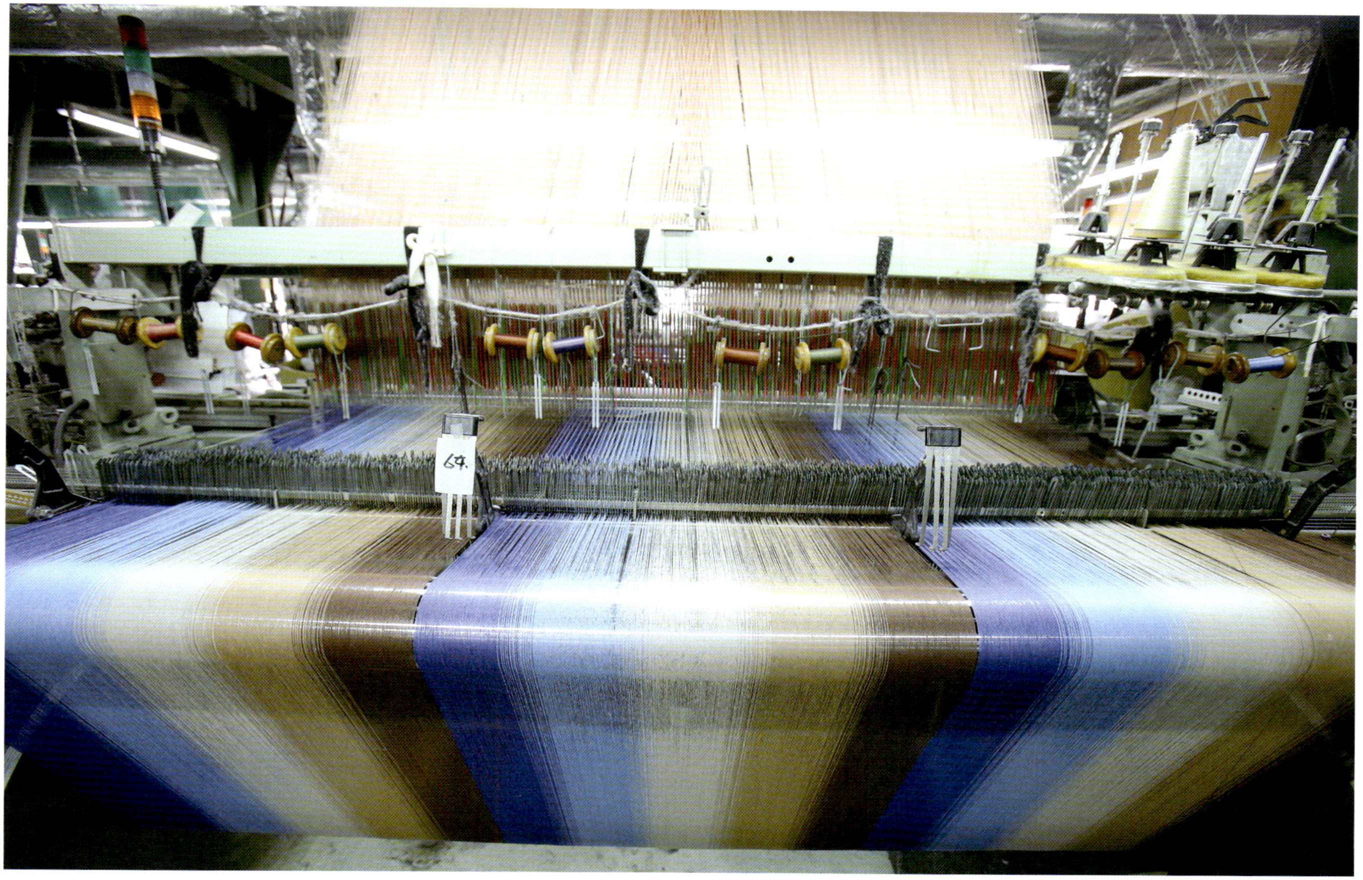

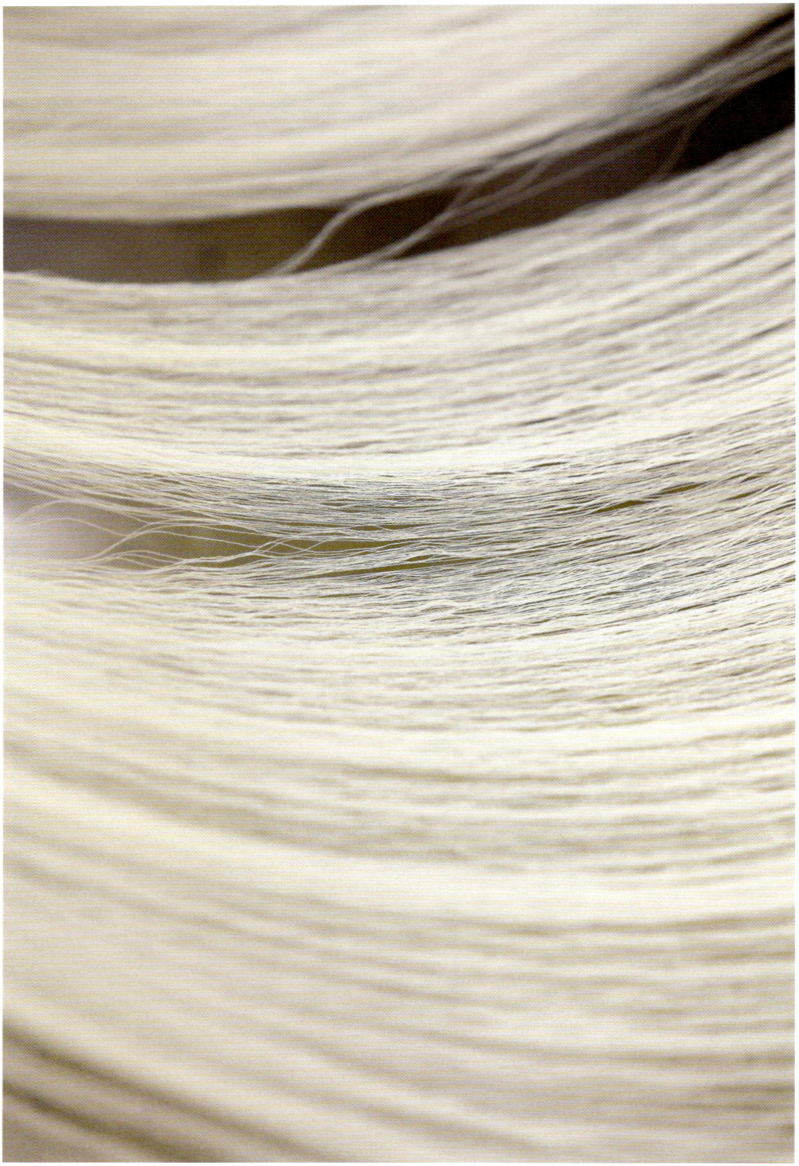

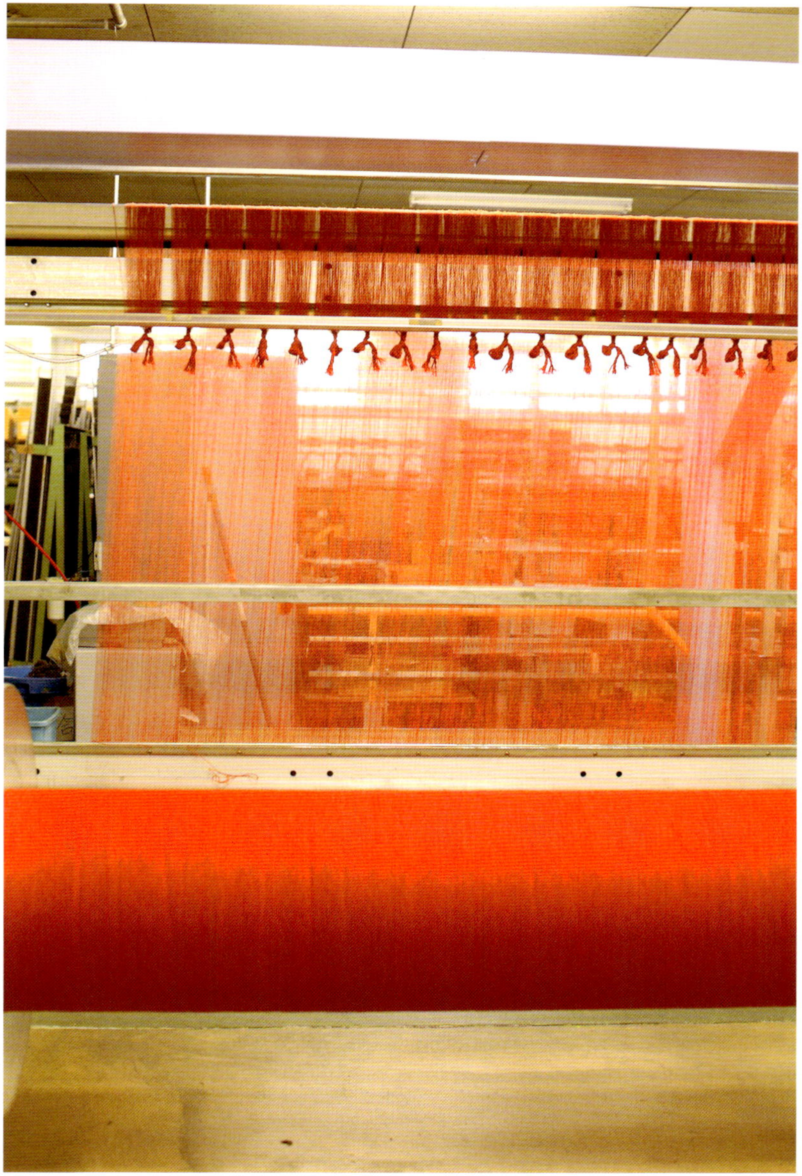

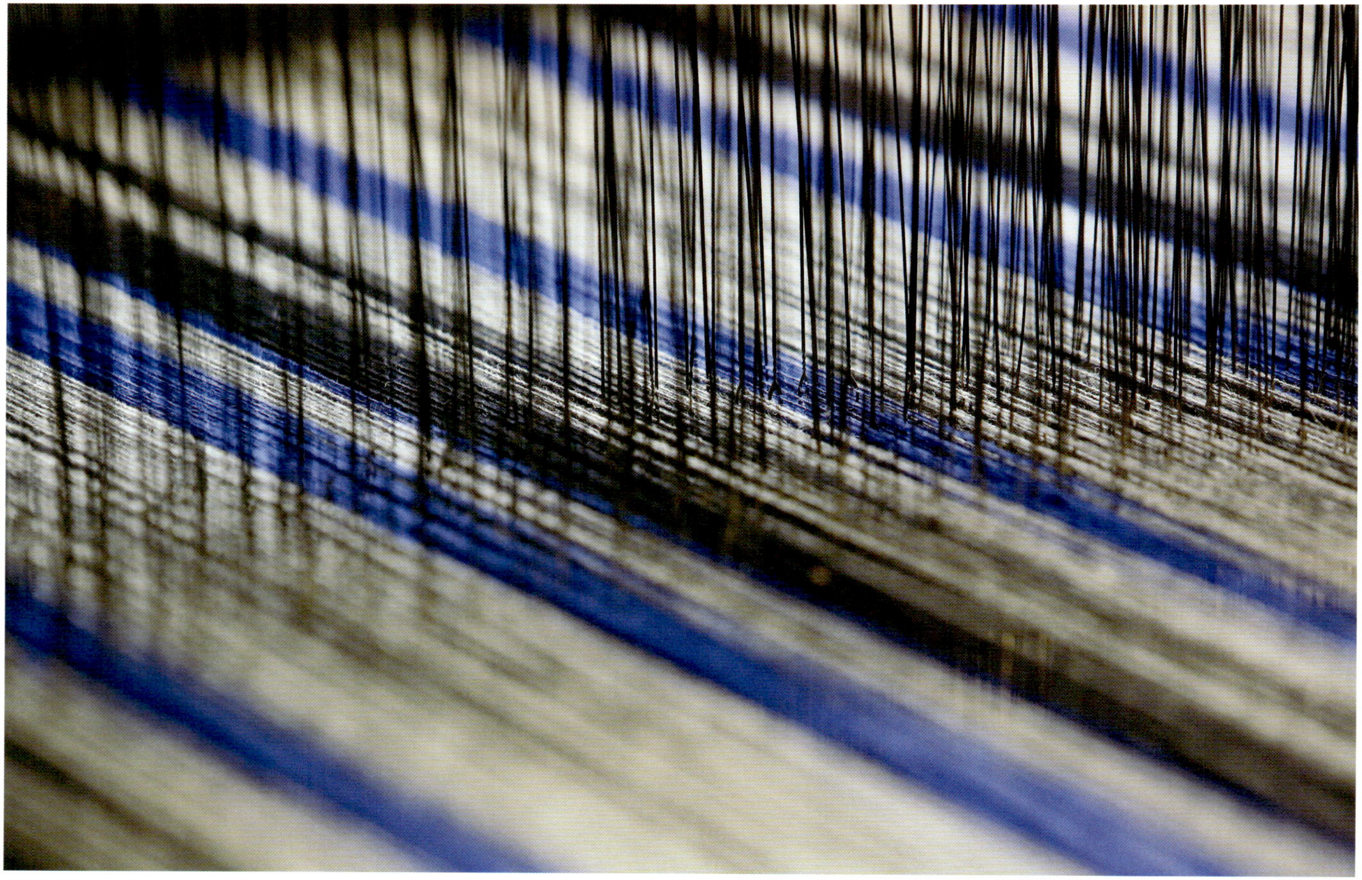

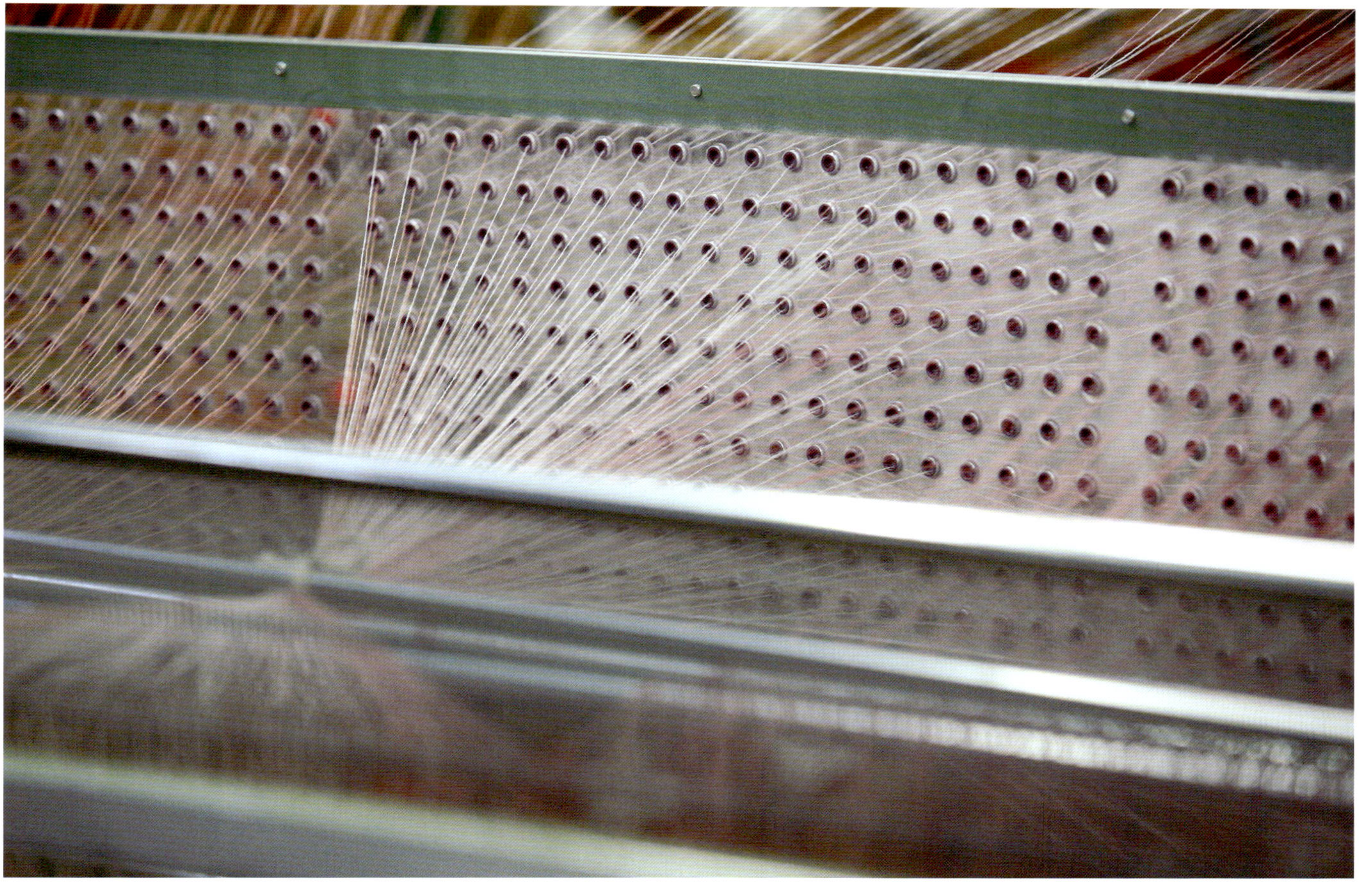

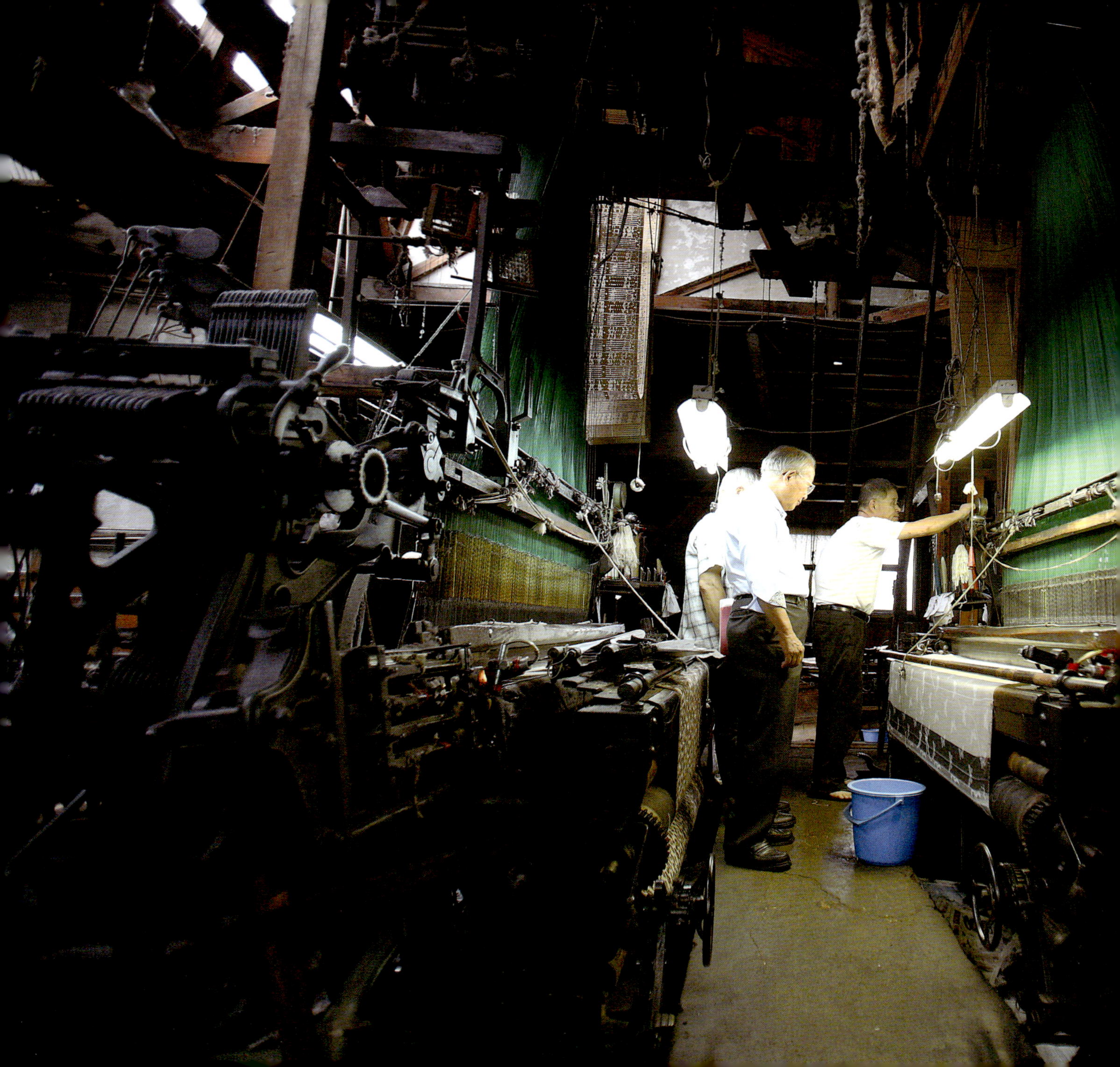

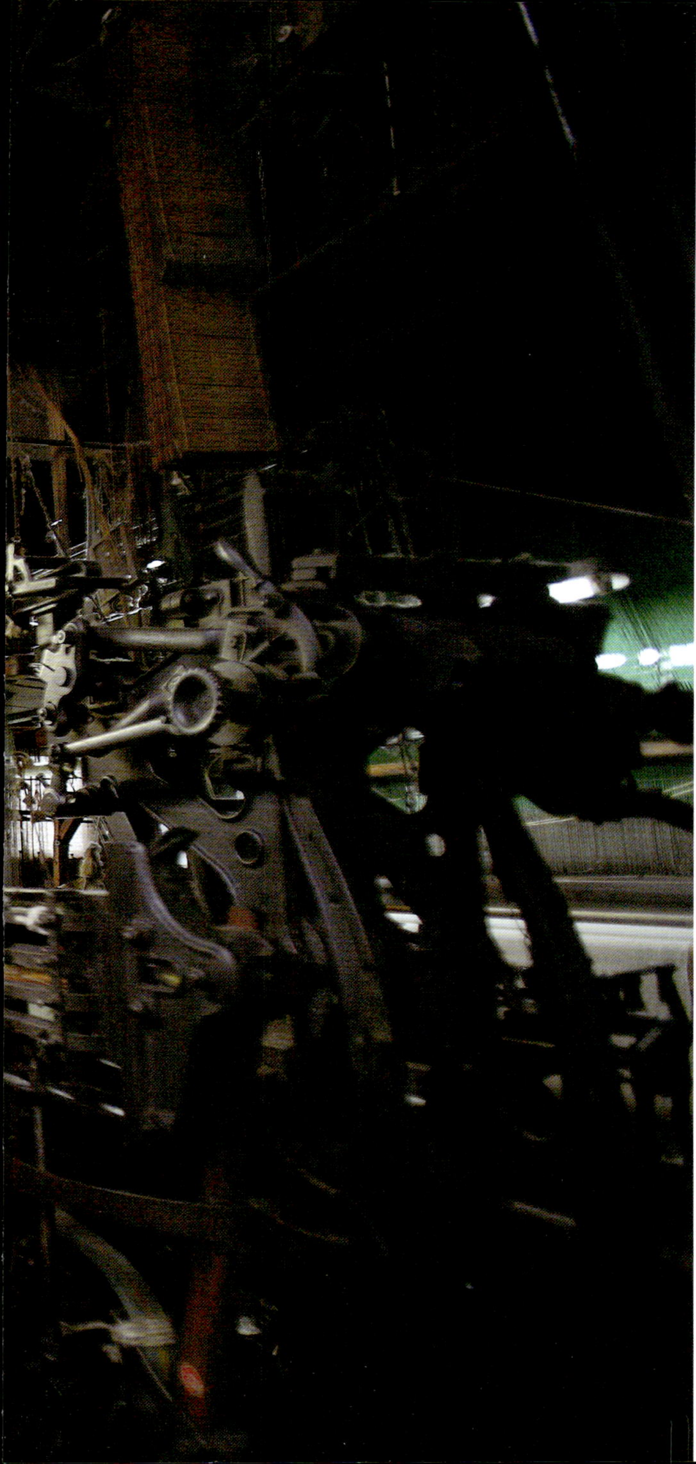

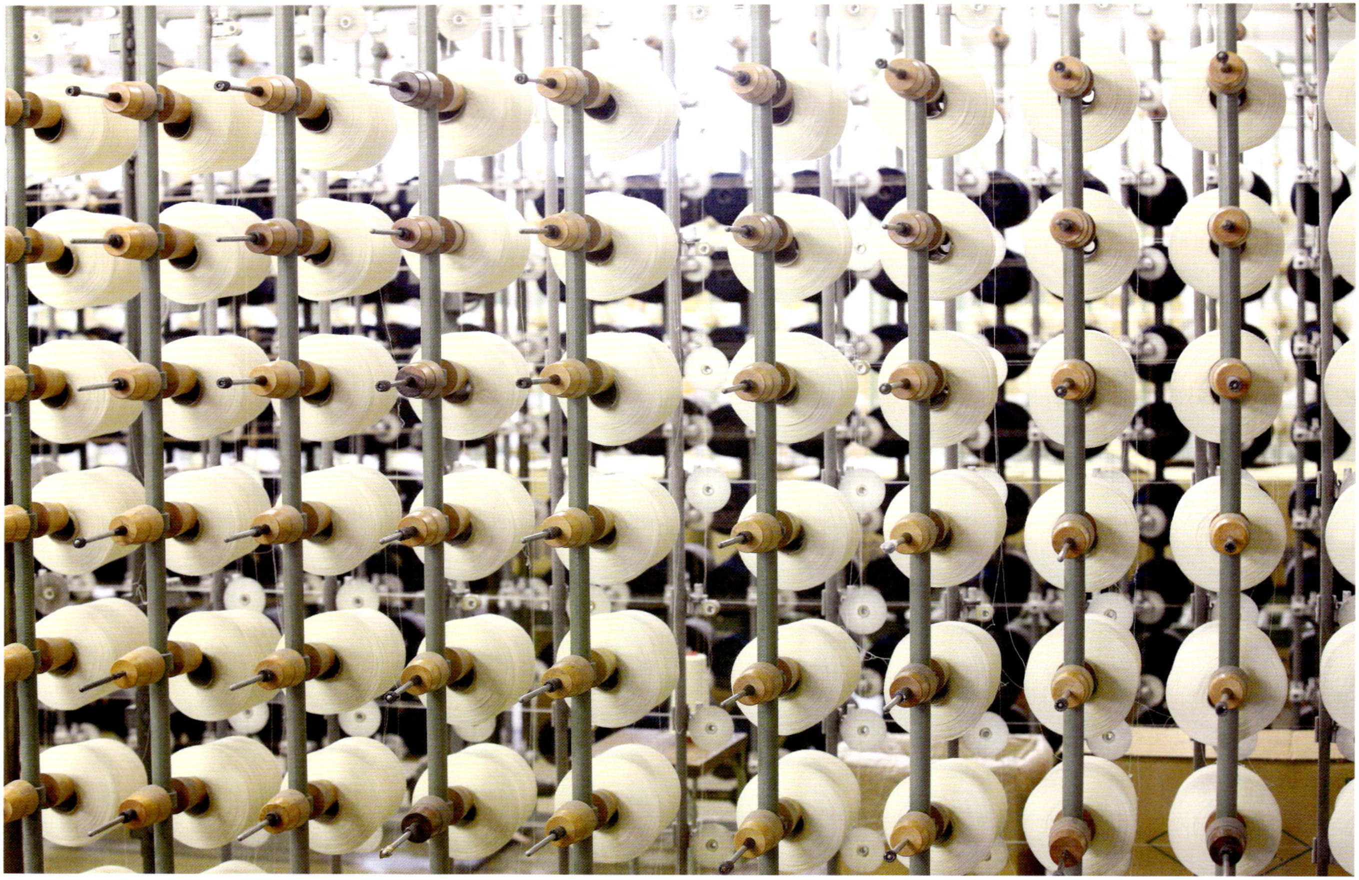

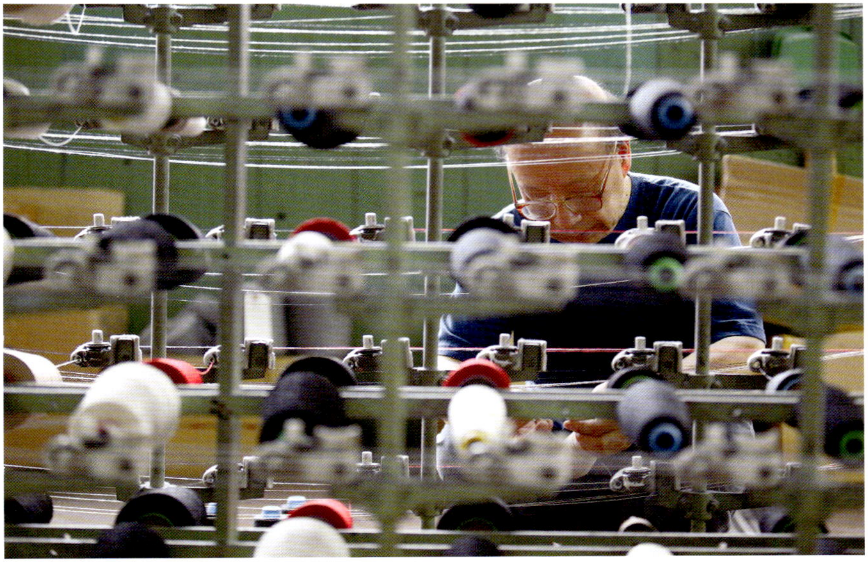

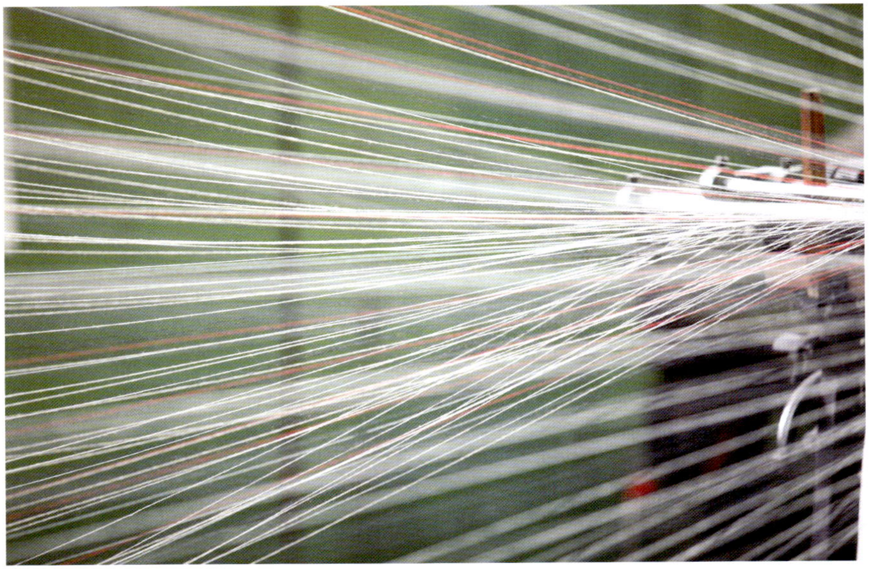

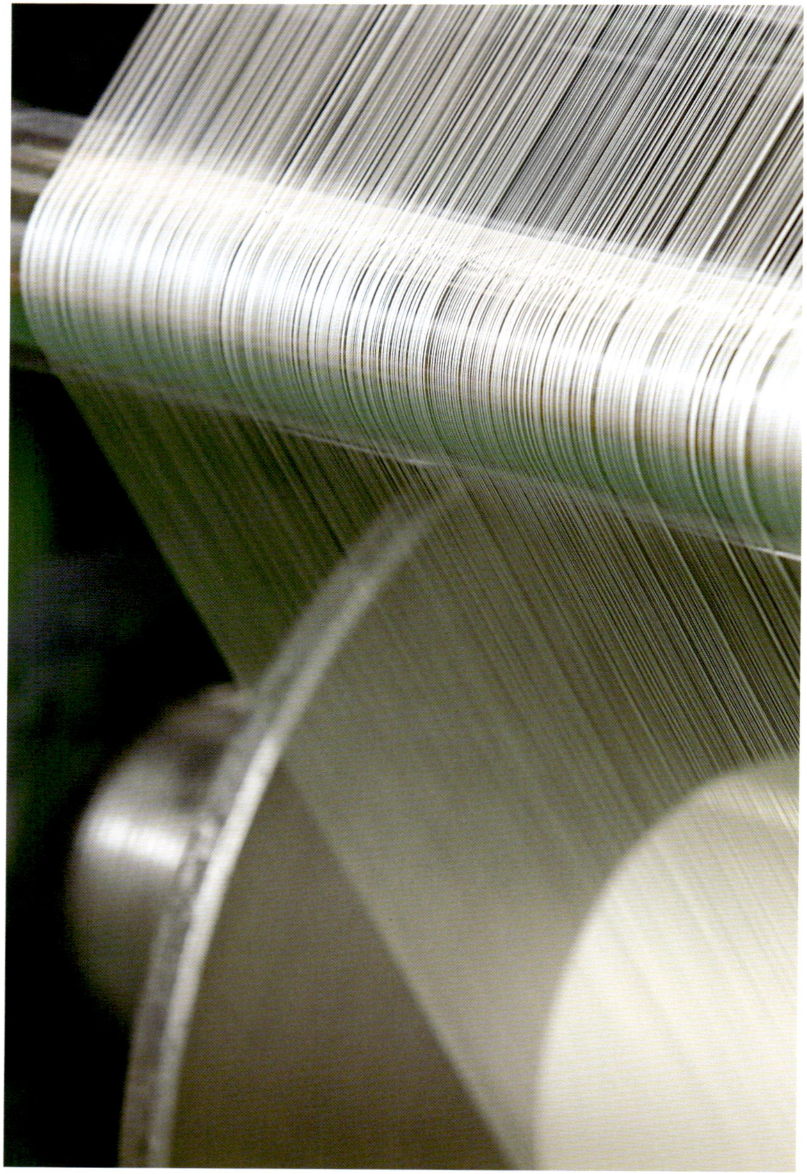

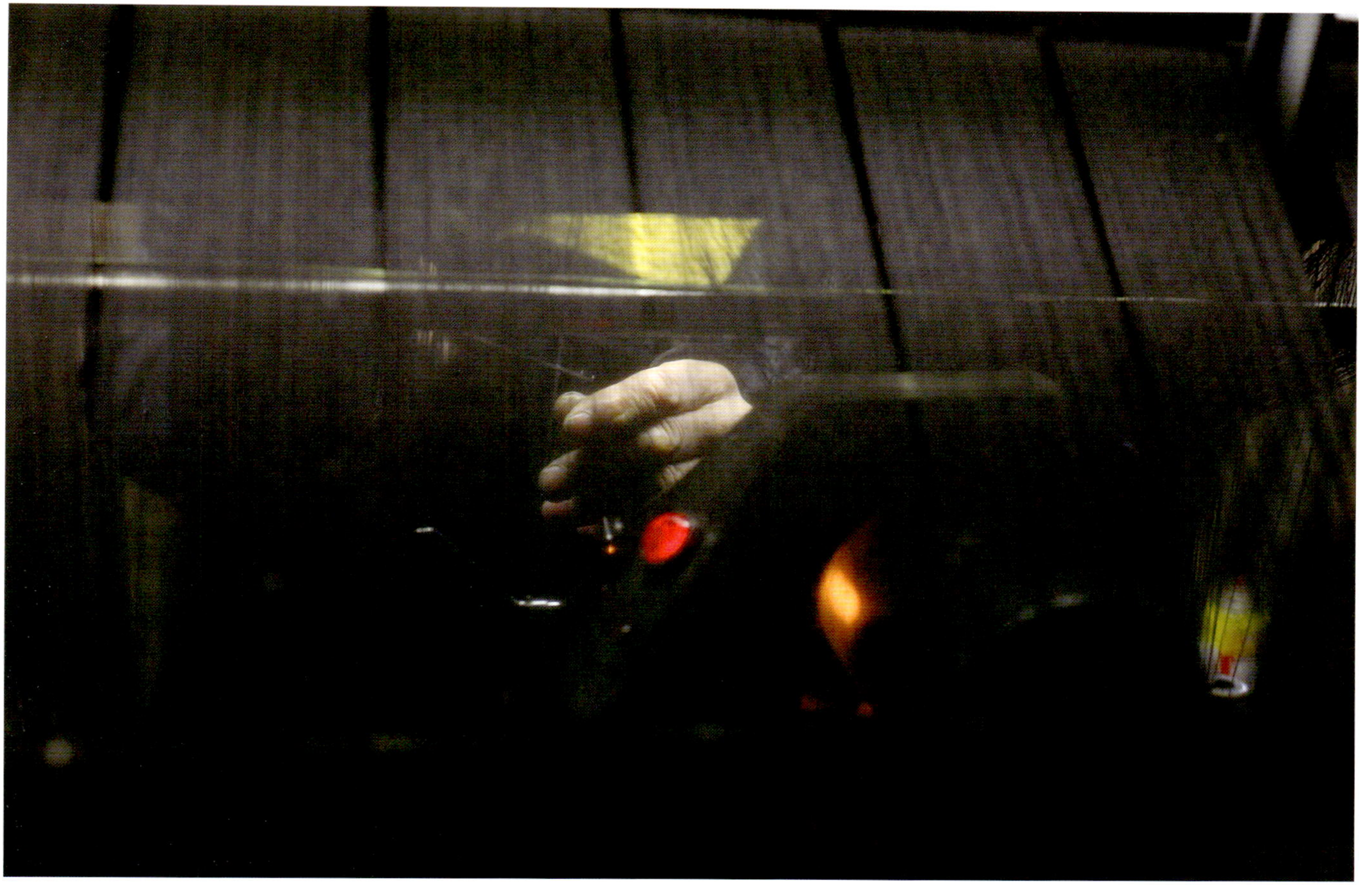

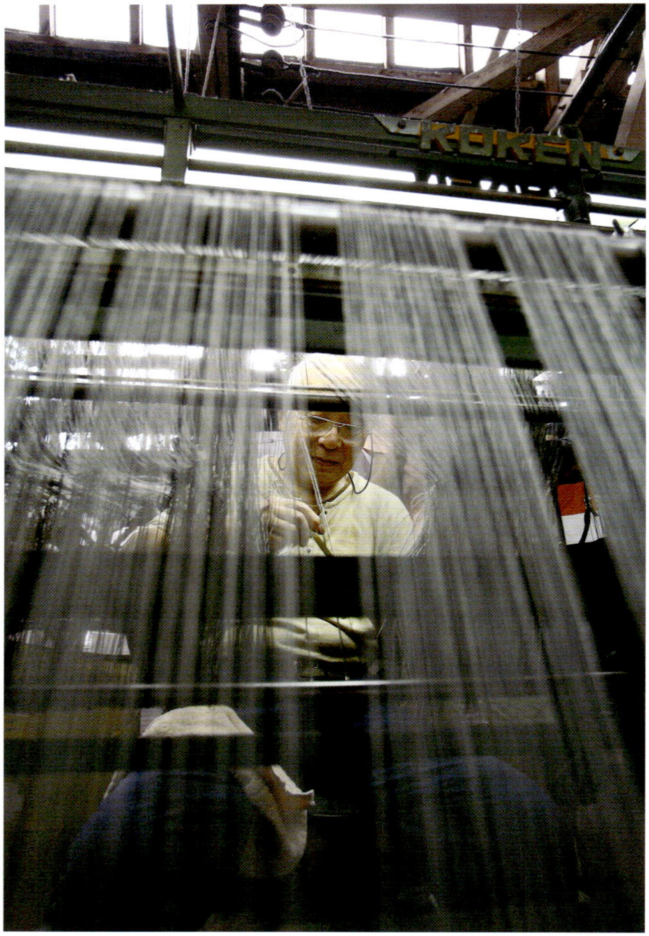
KOKEN

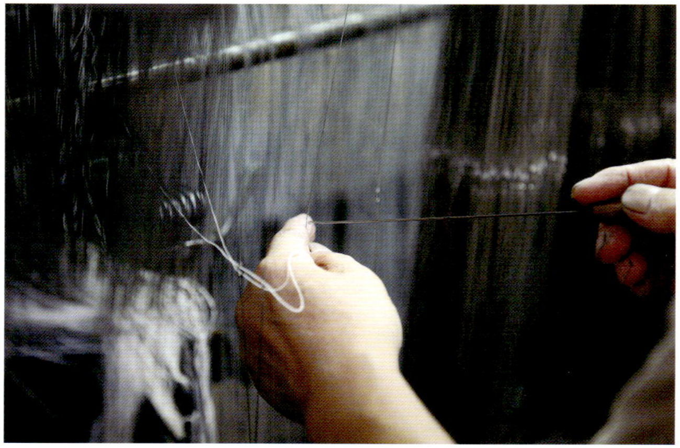

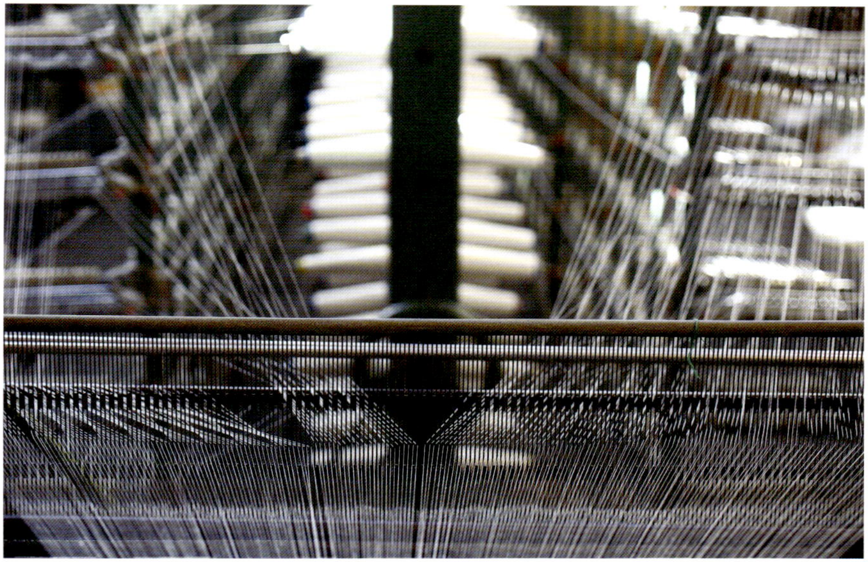

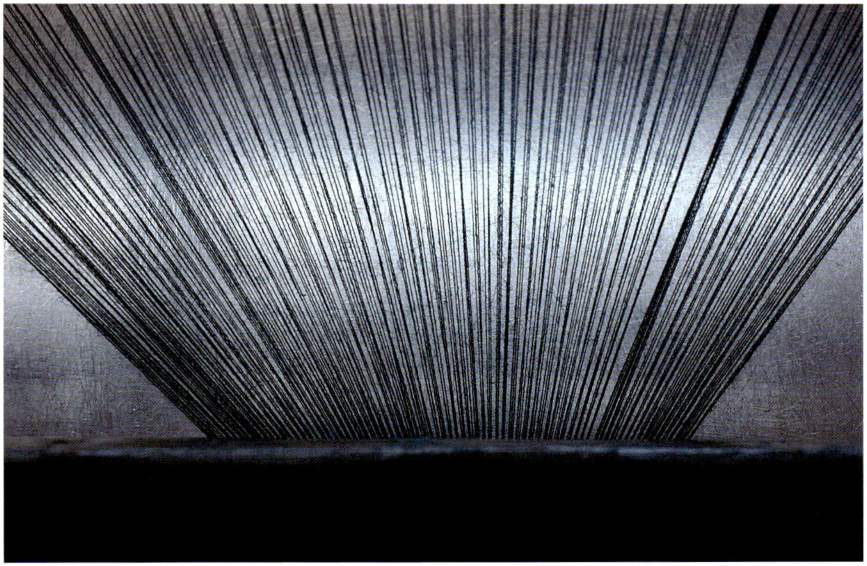

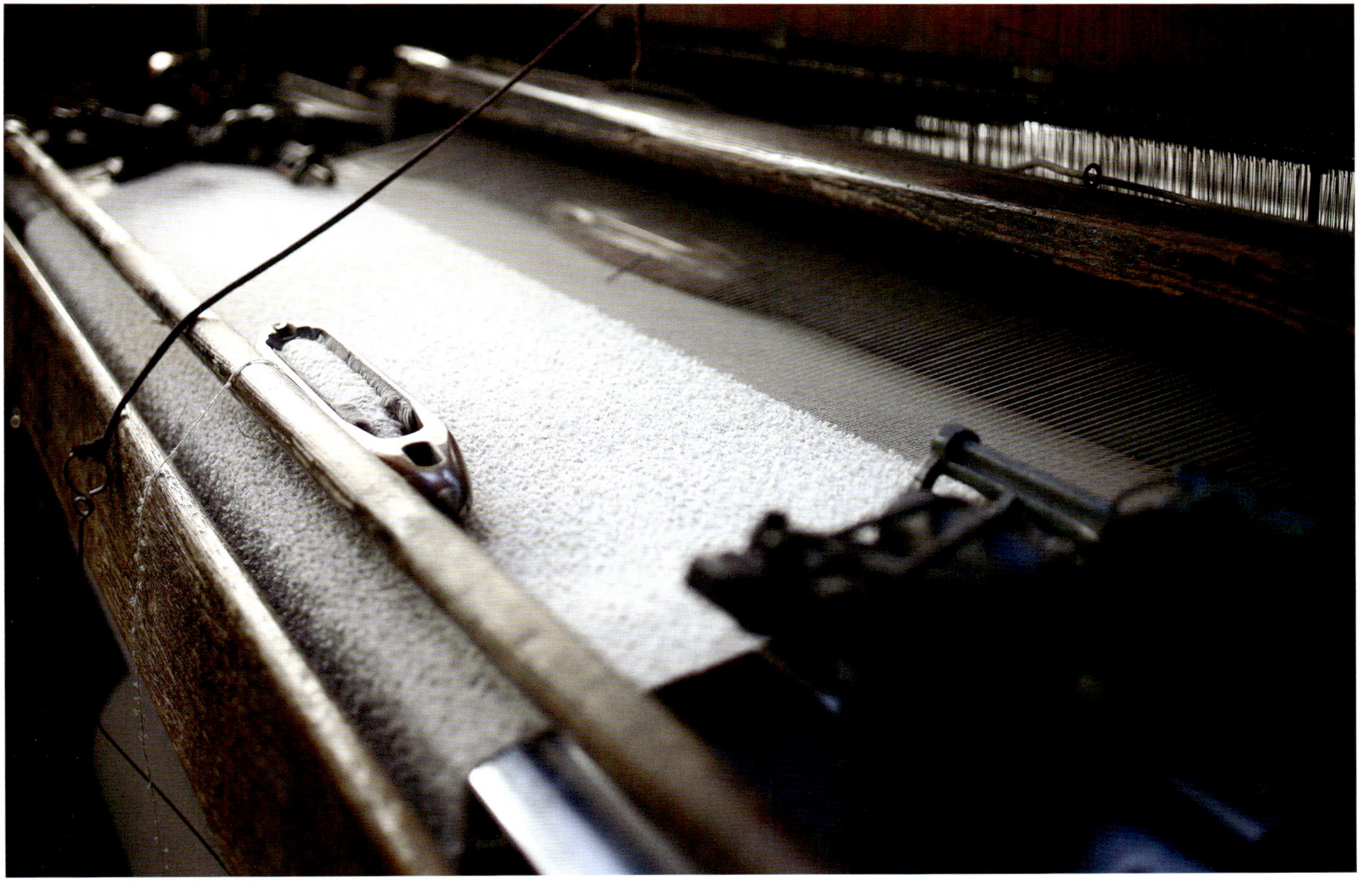

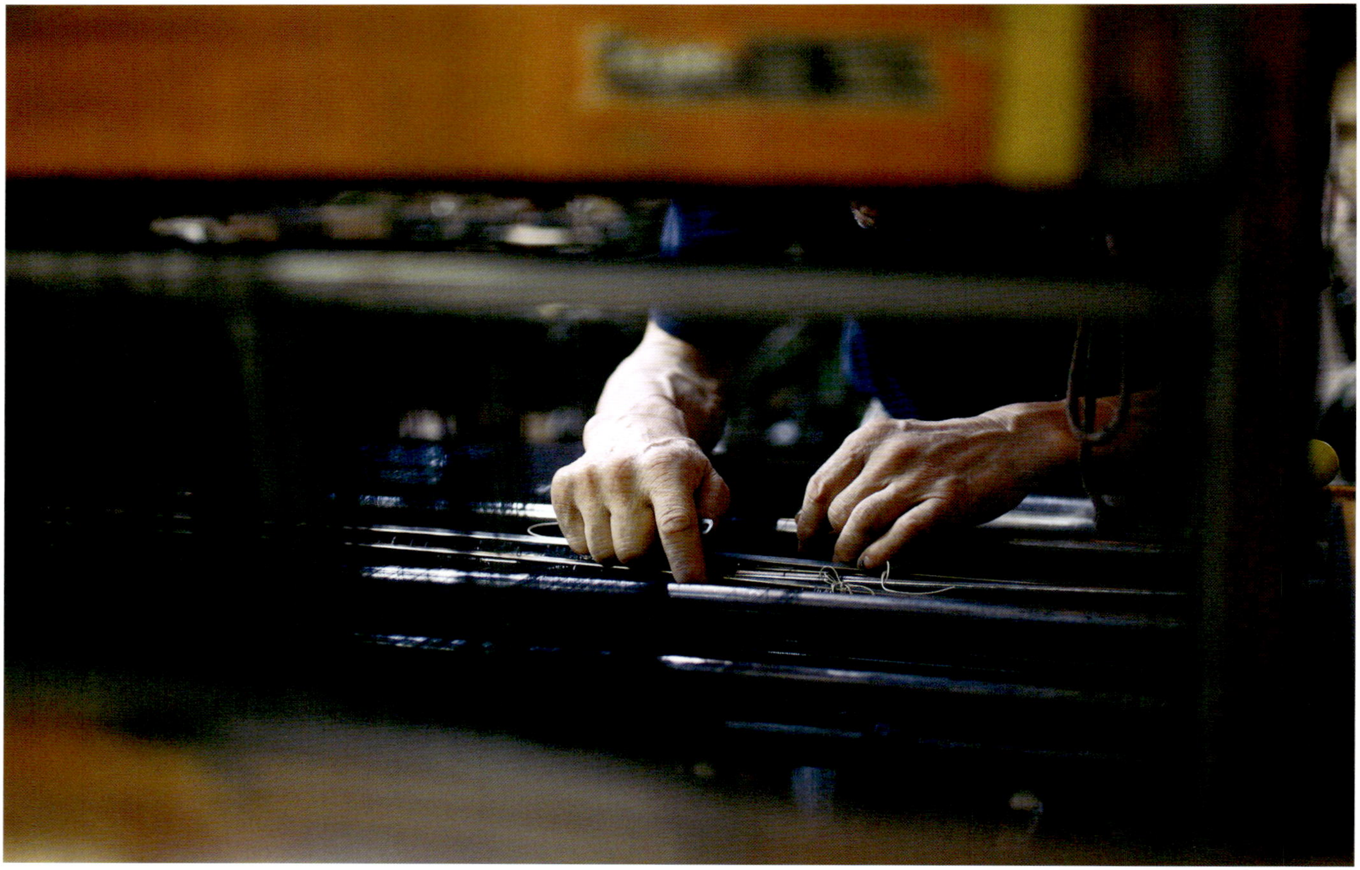

53

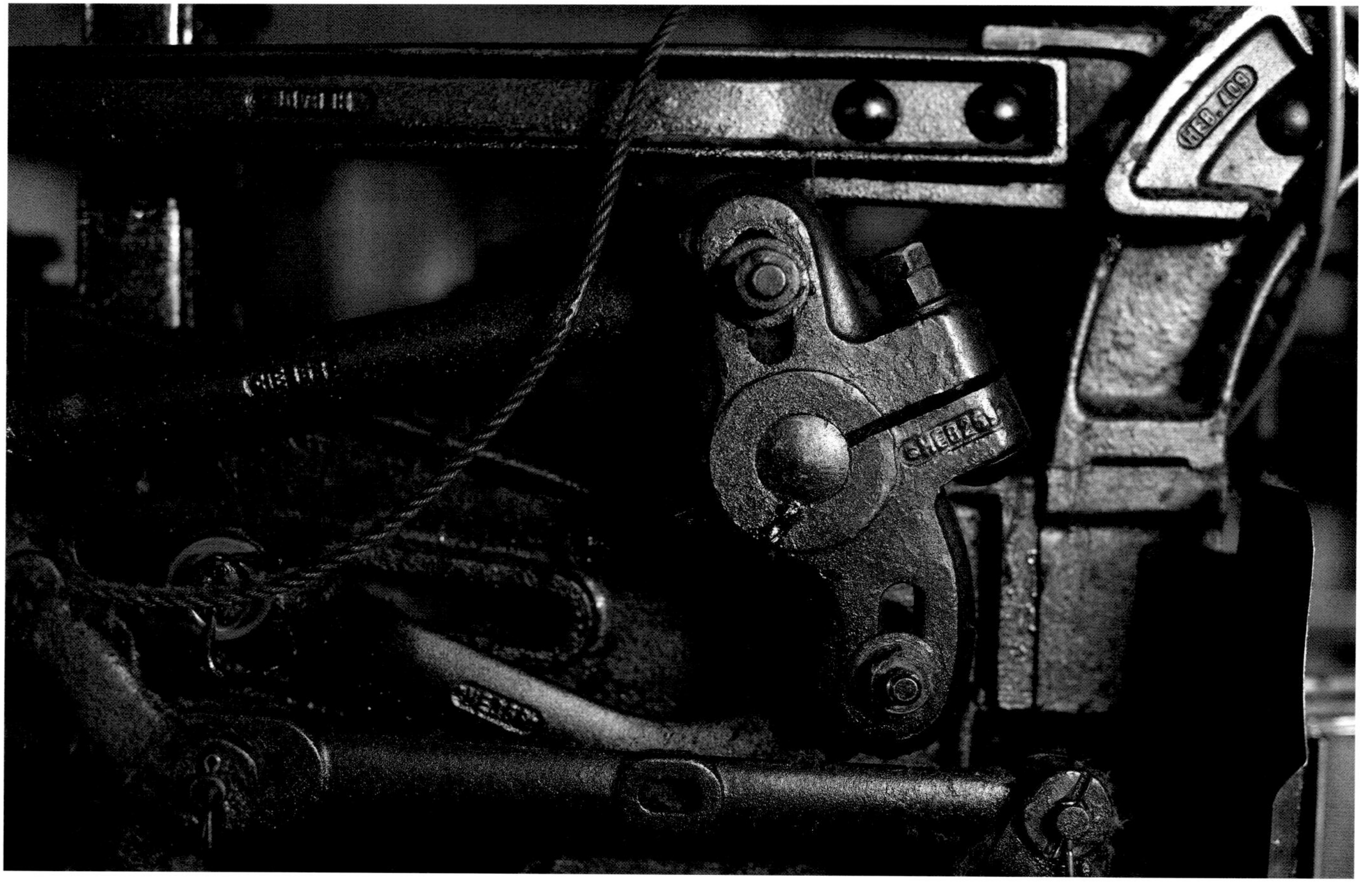

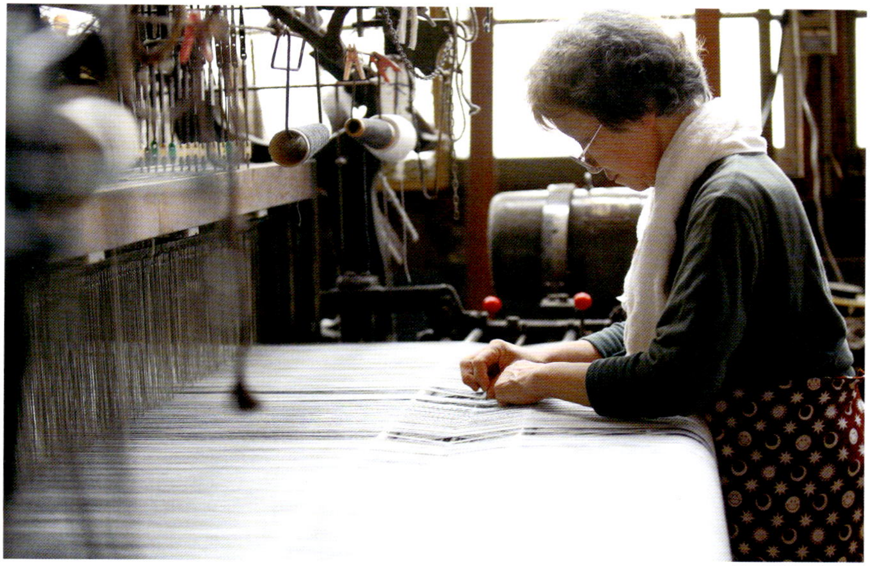

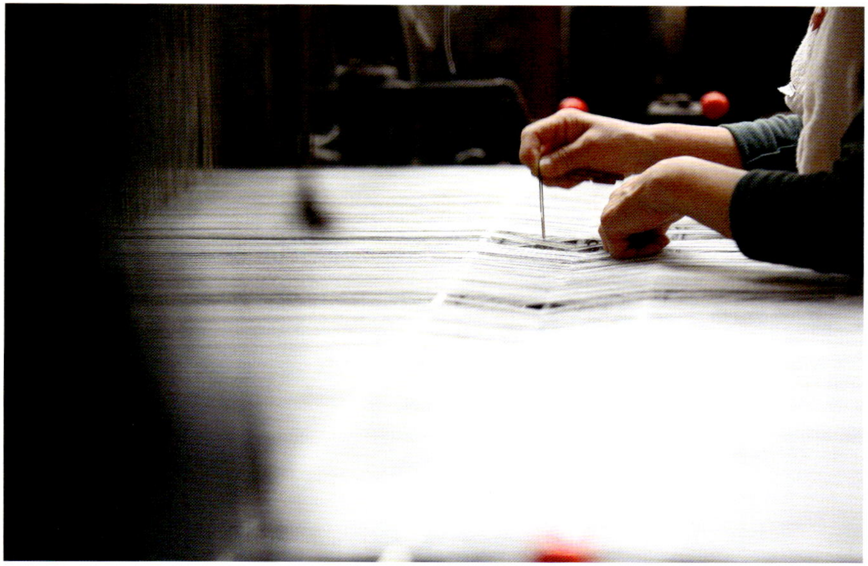

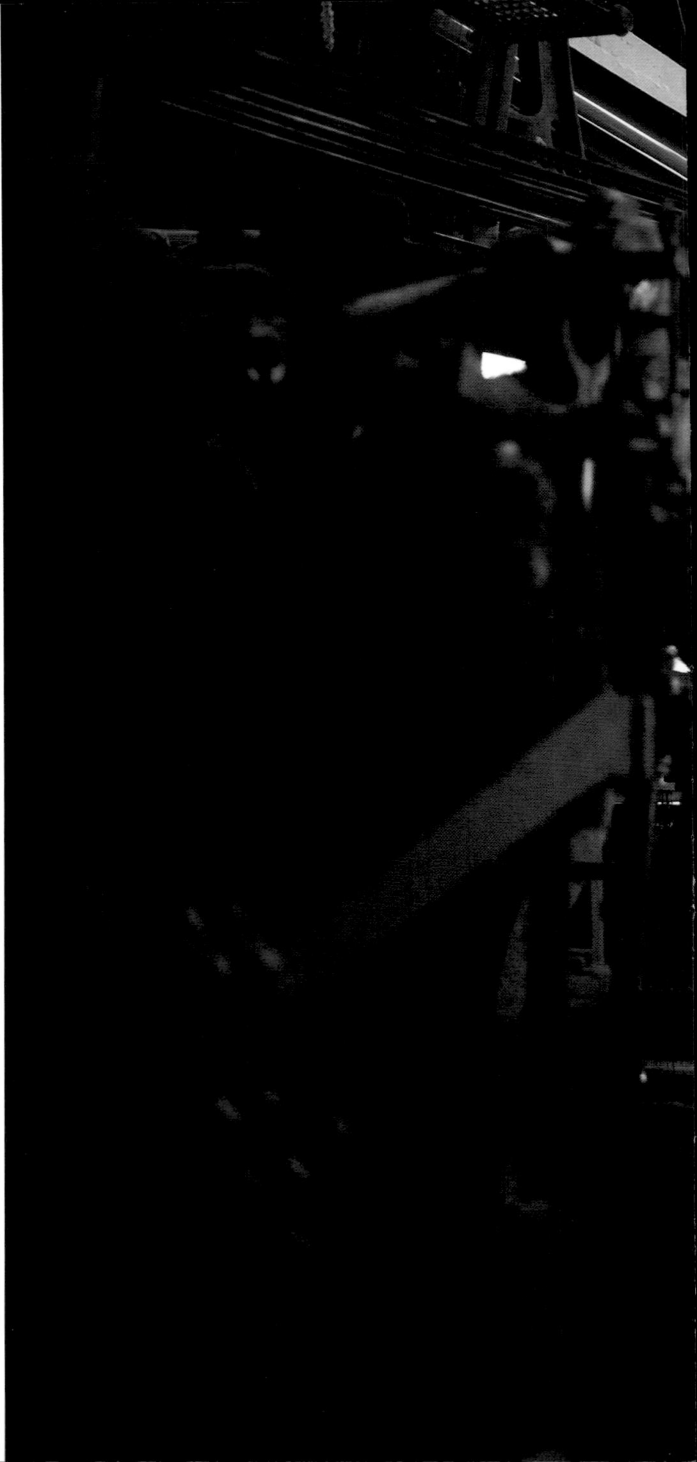

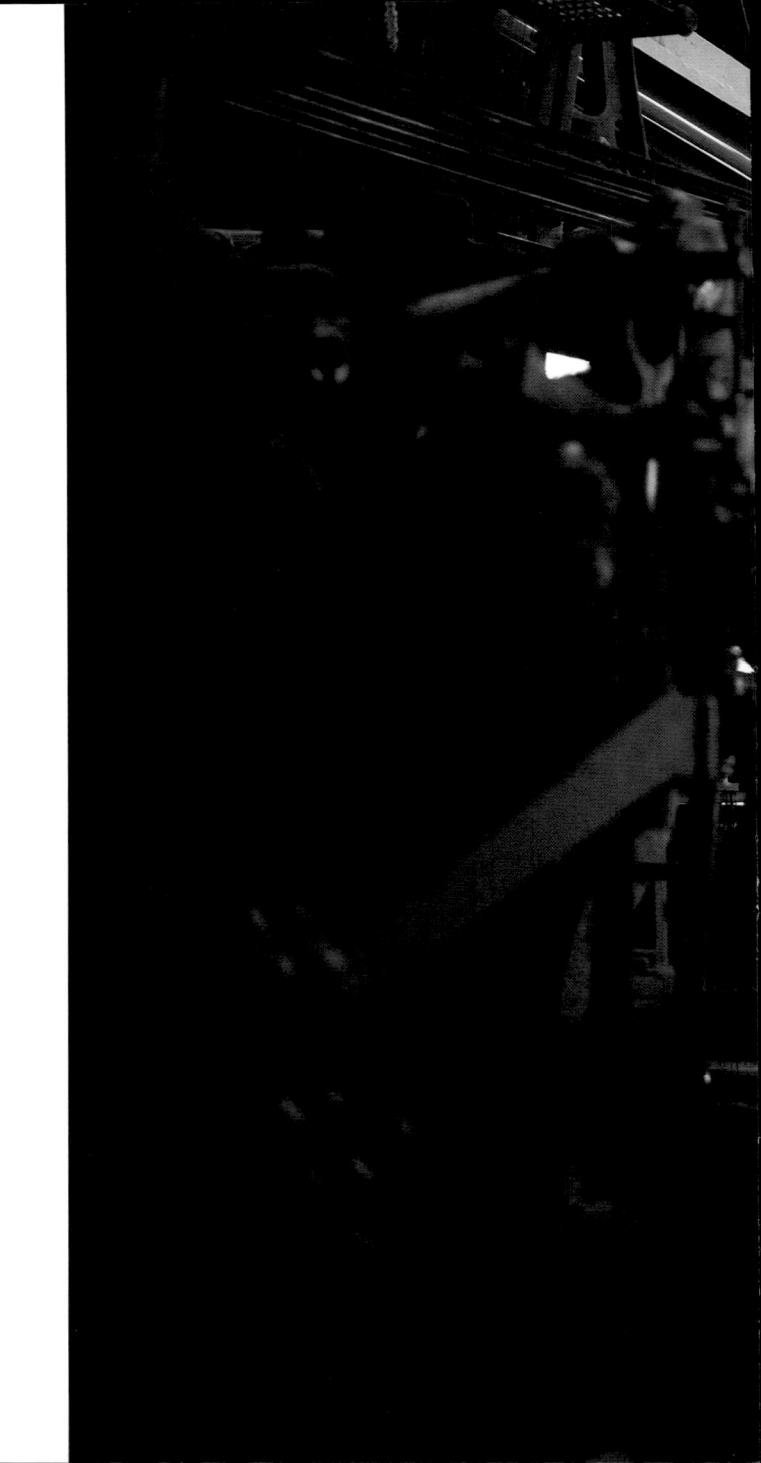

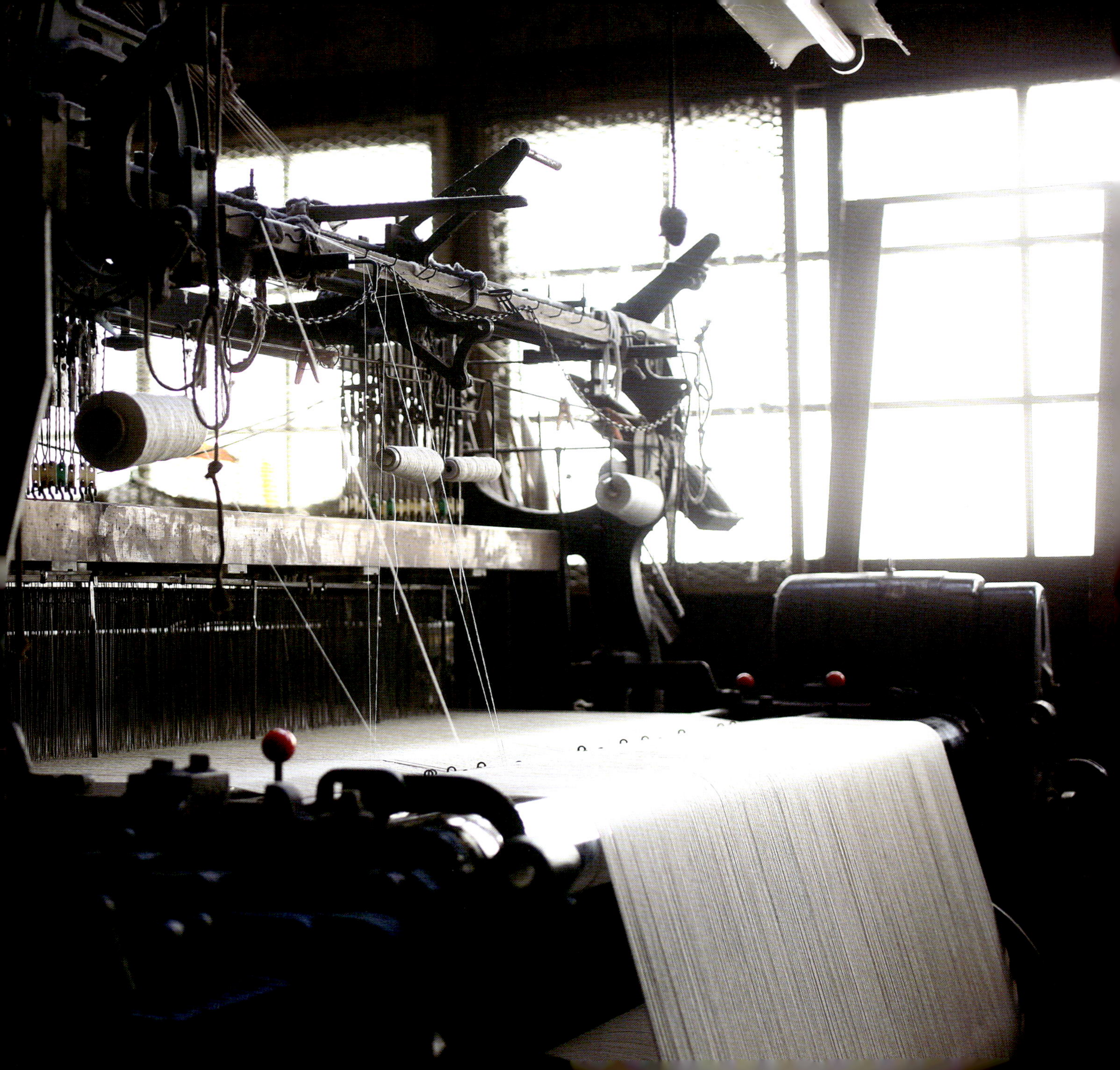

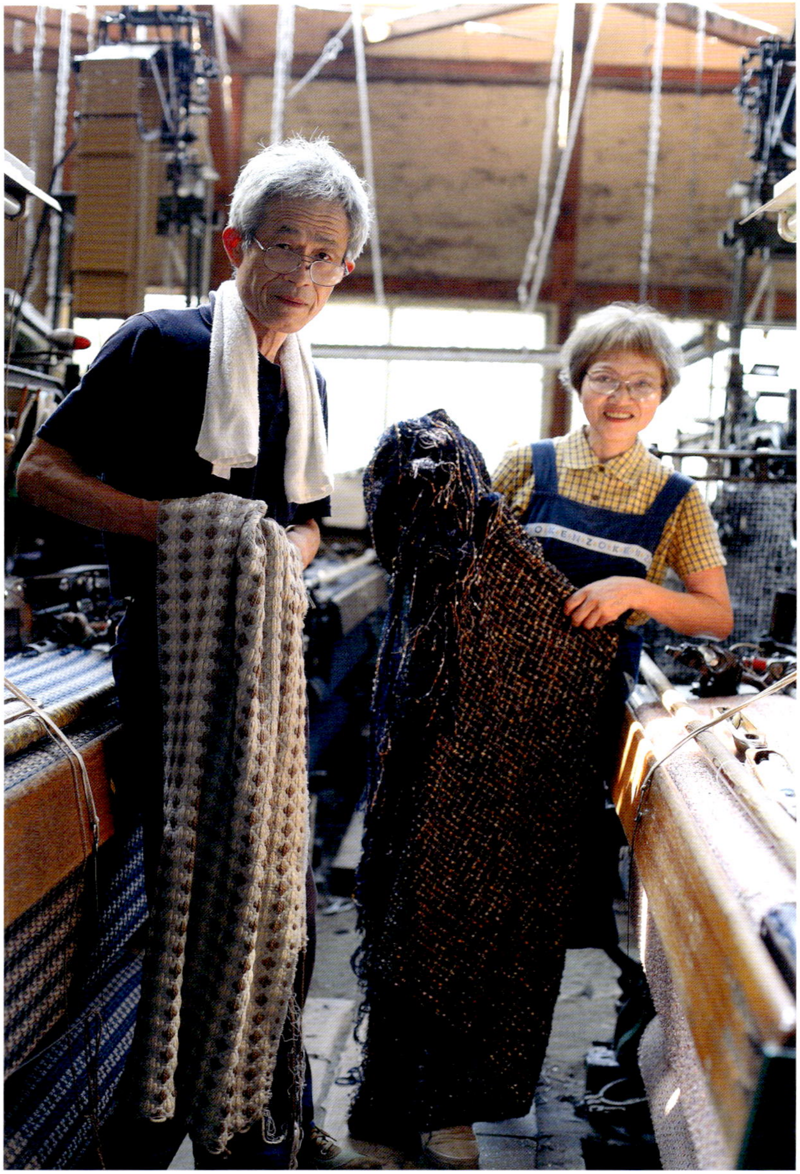

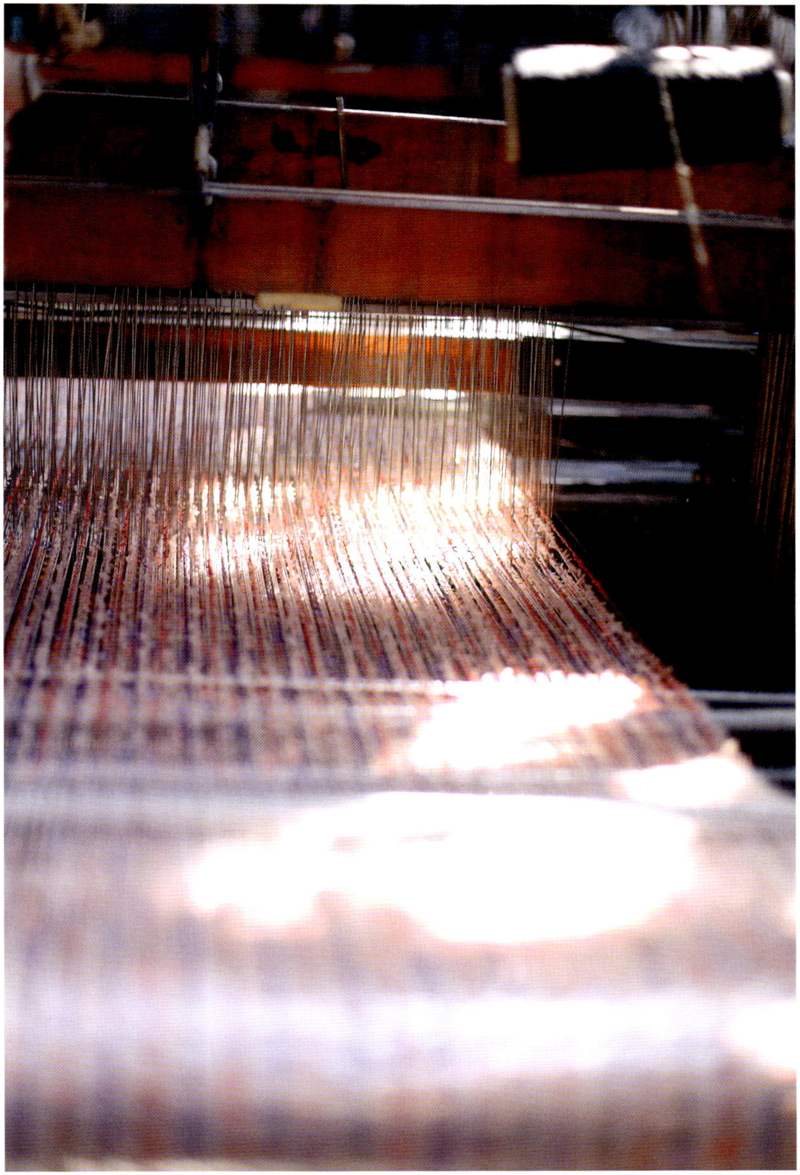

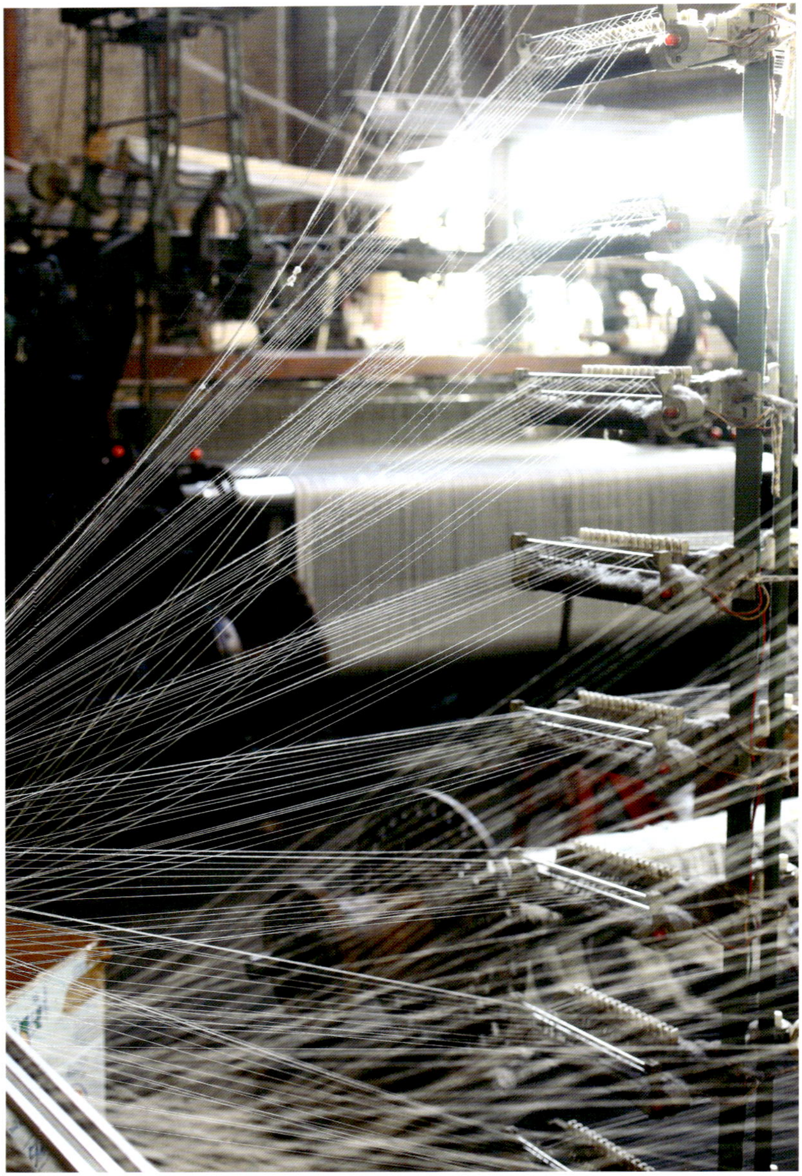

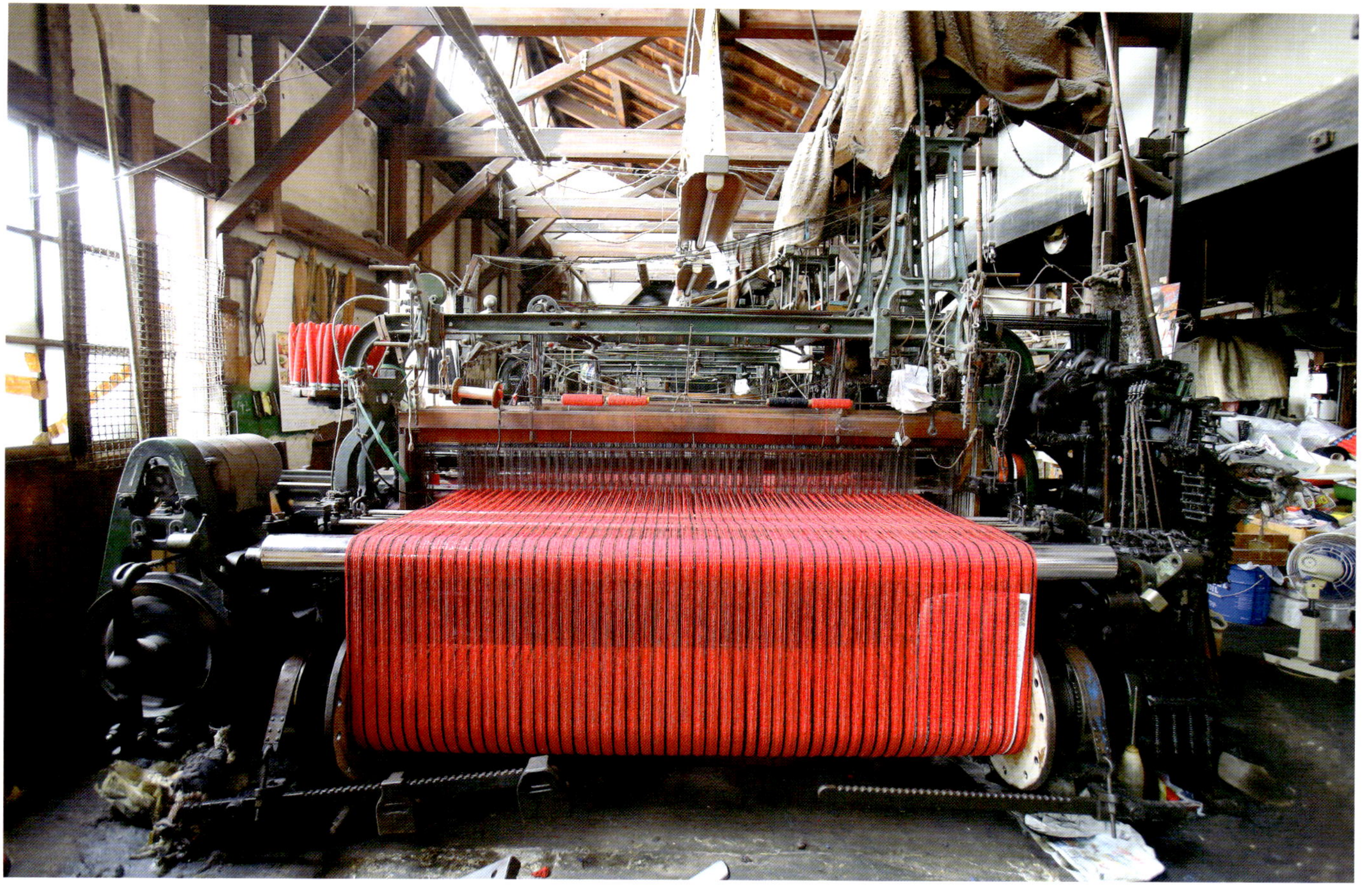

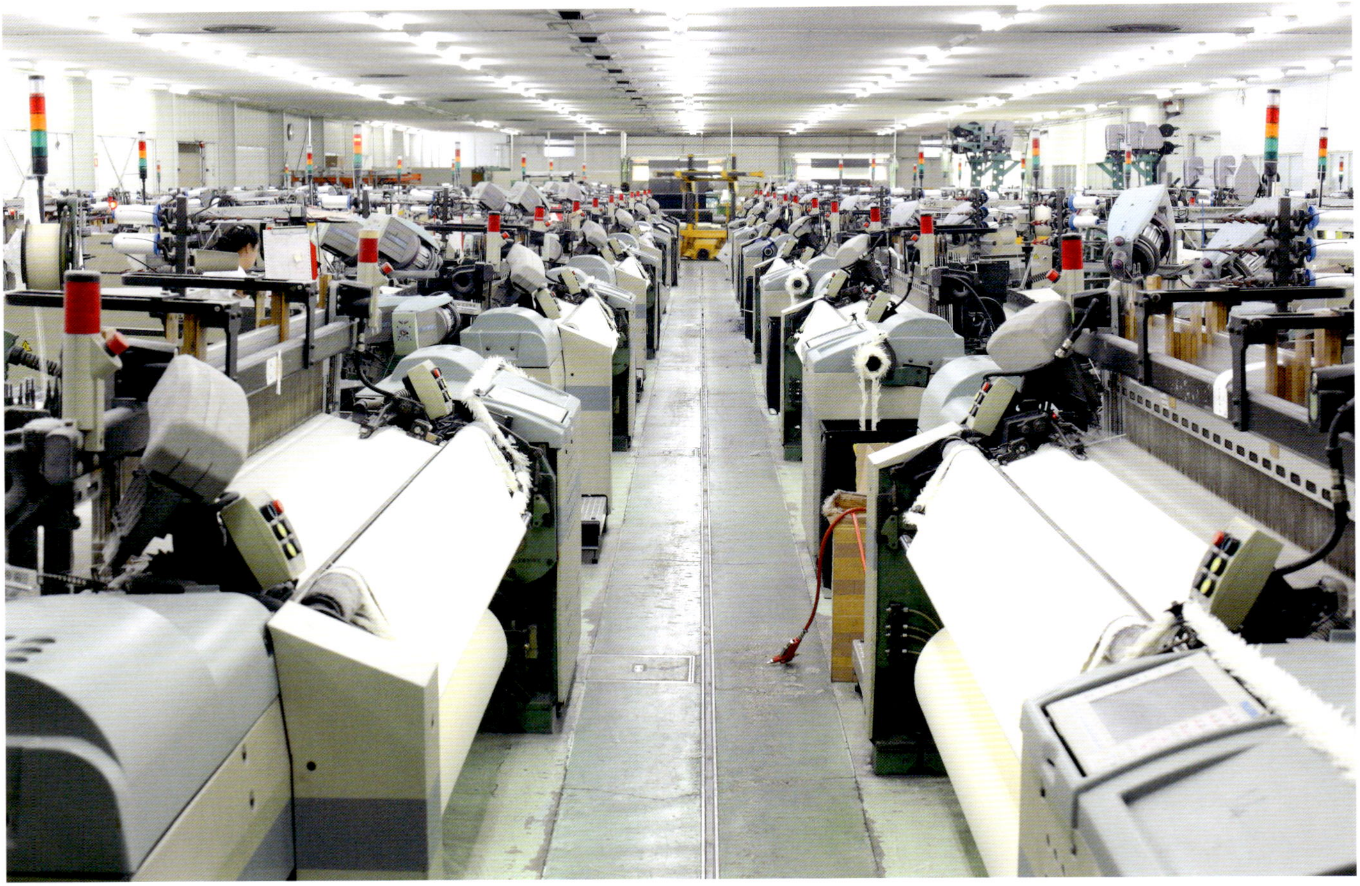

63

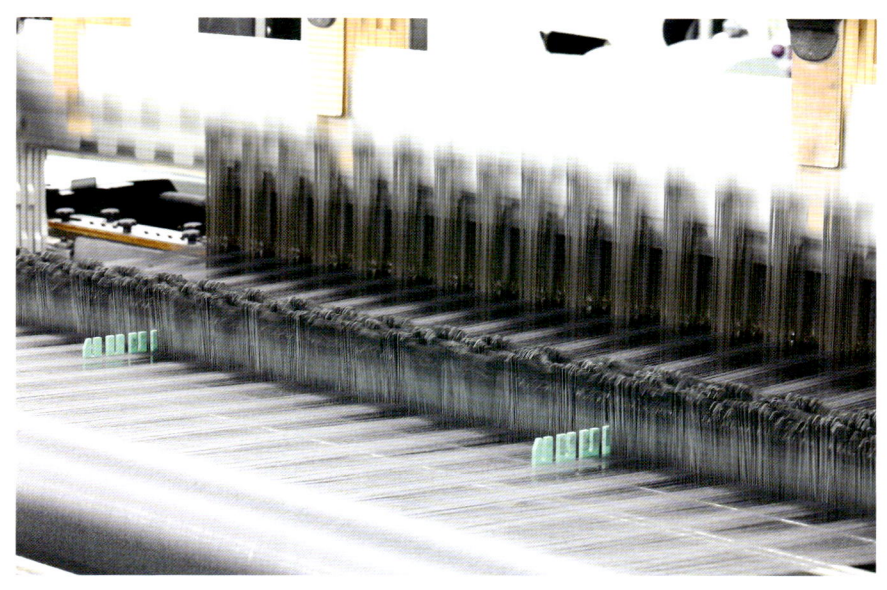

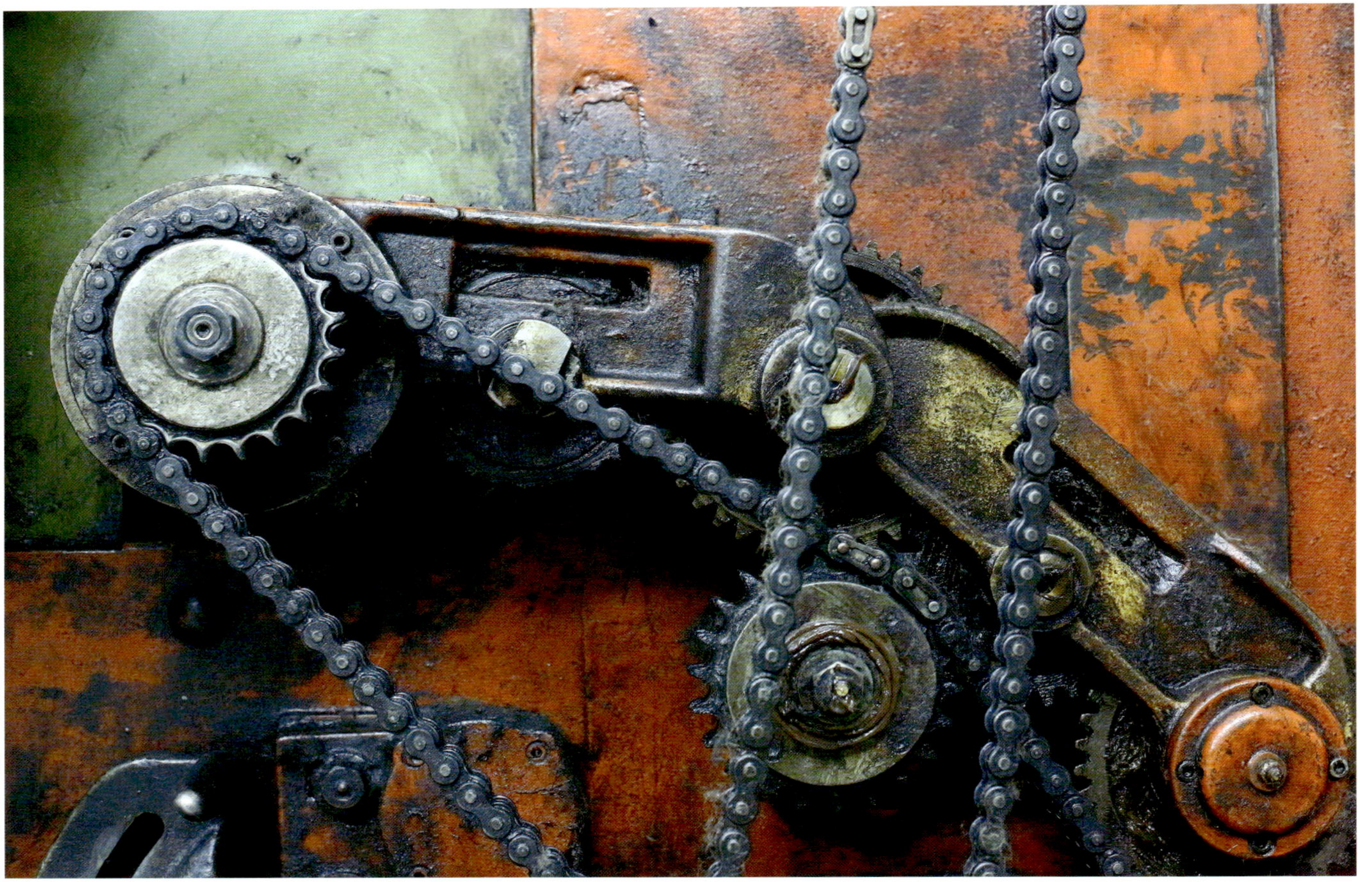

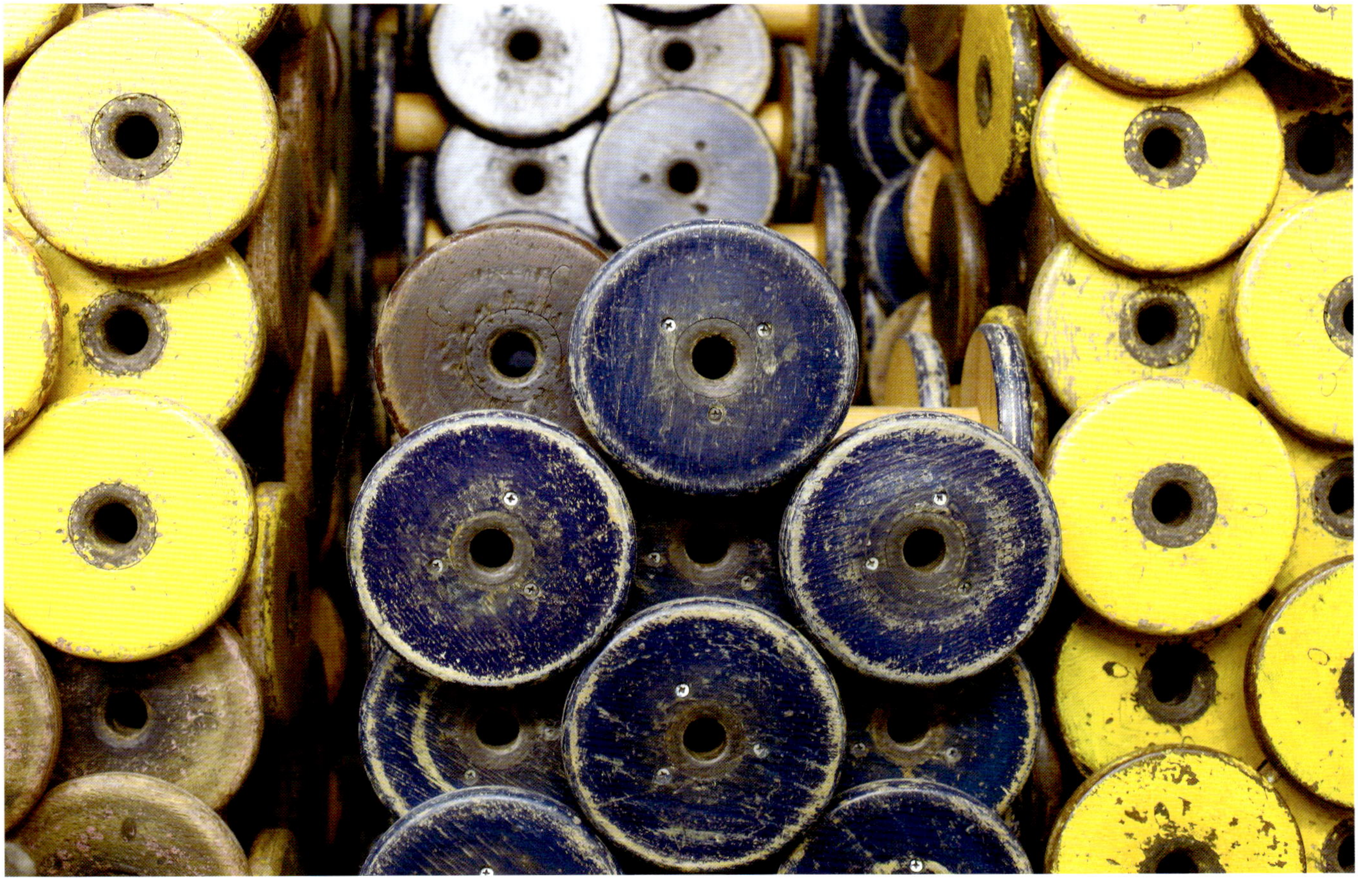

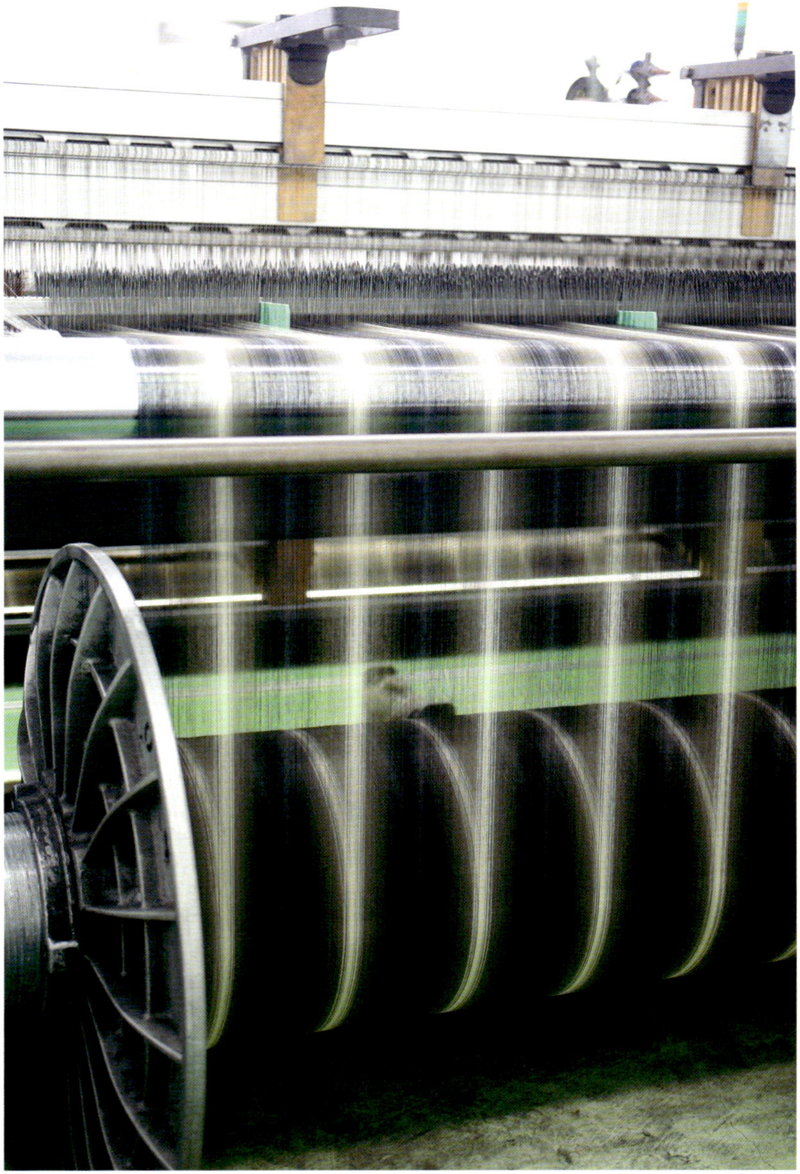

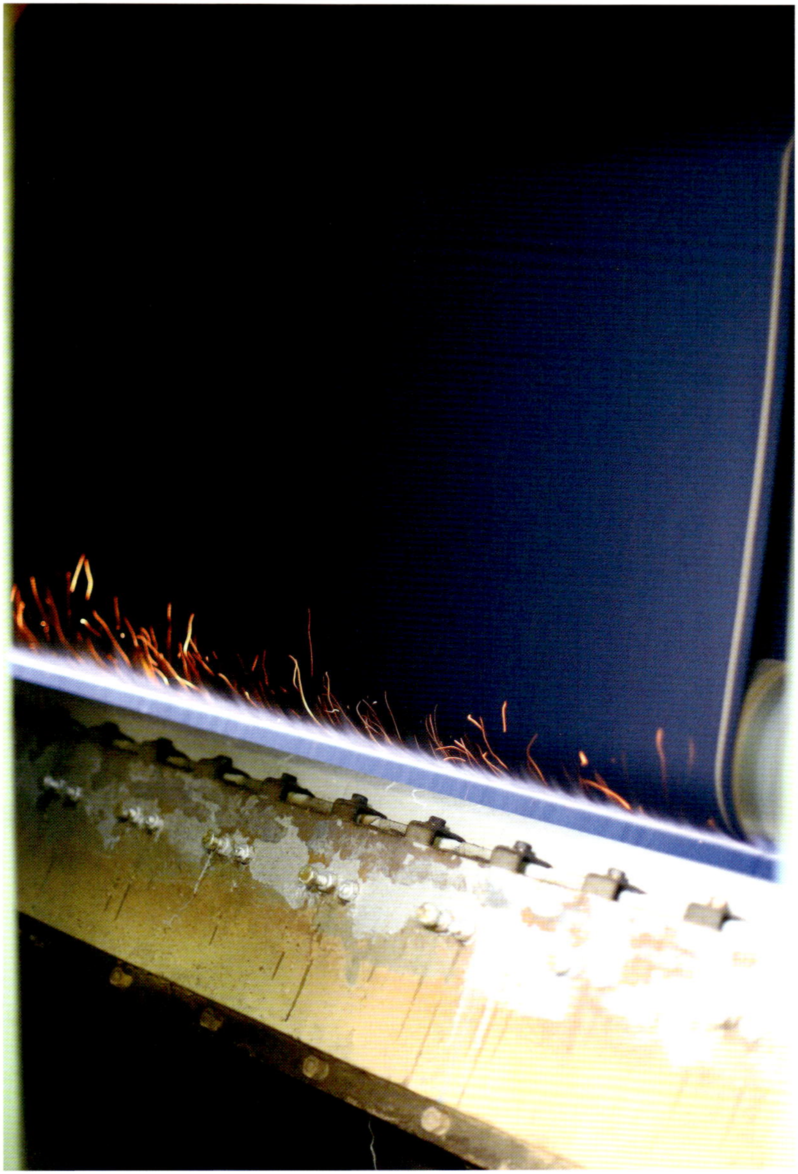

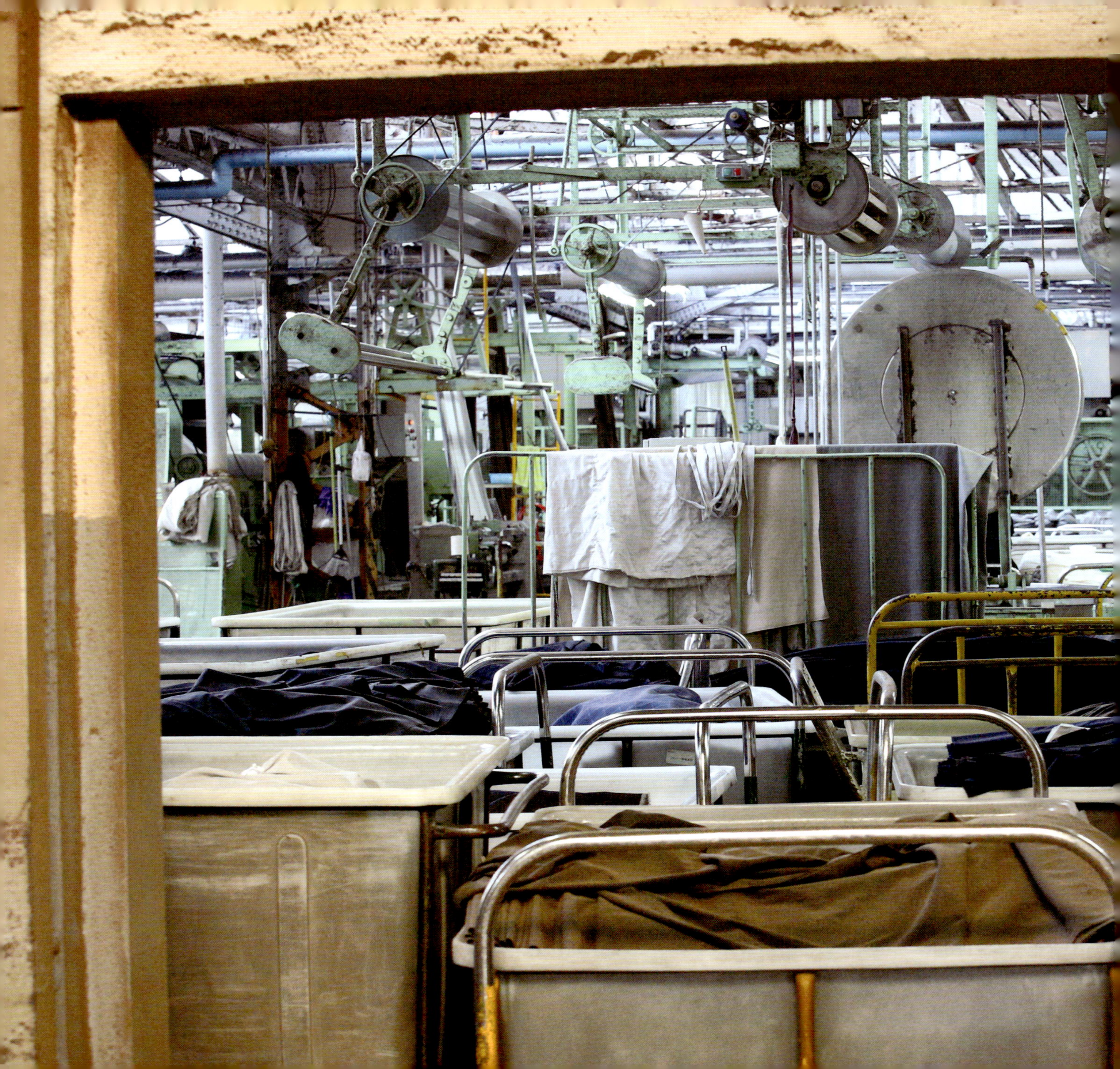

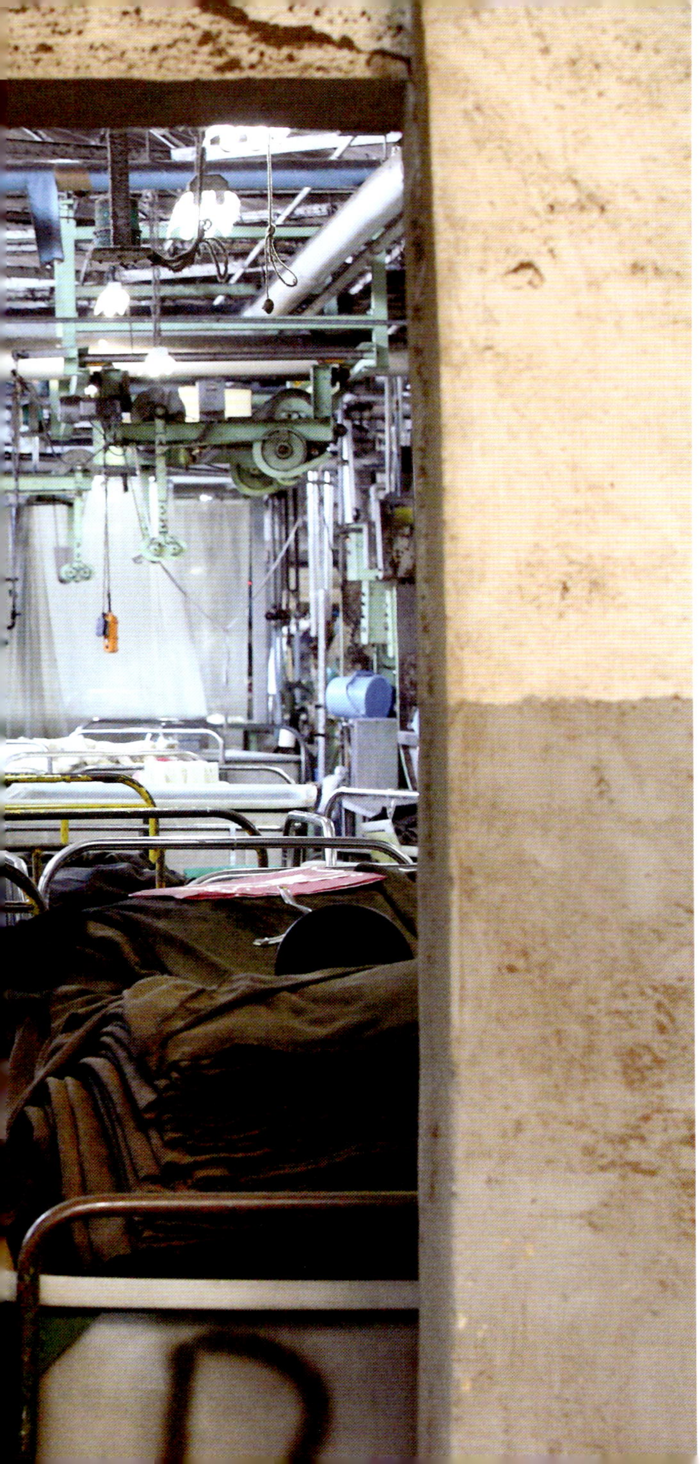

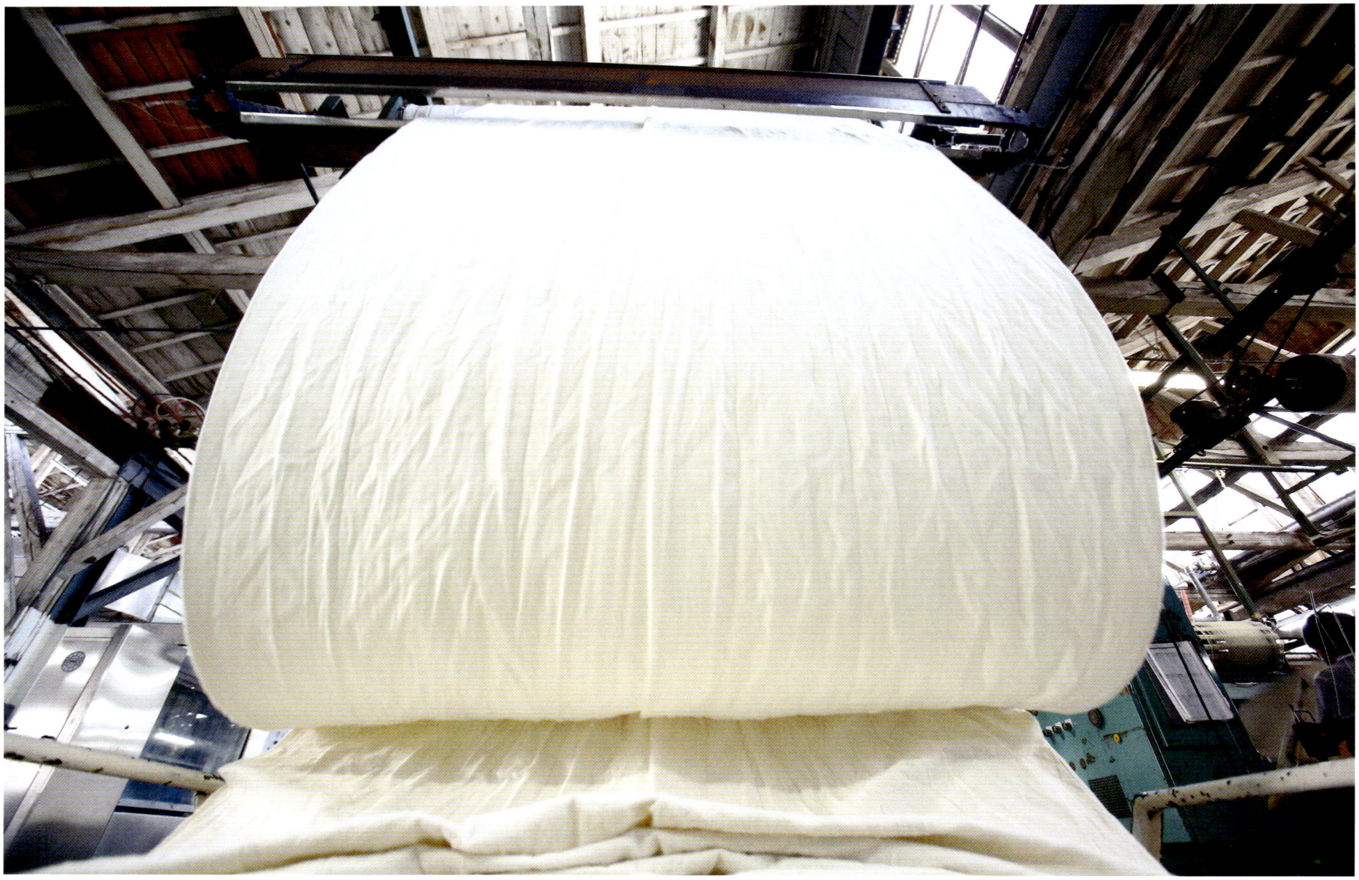

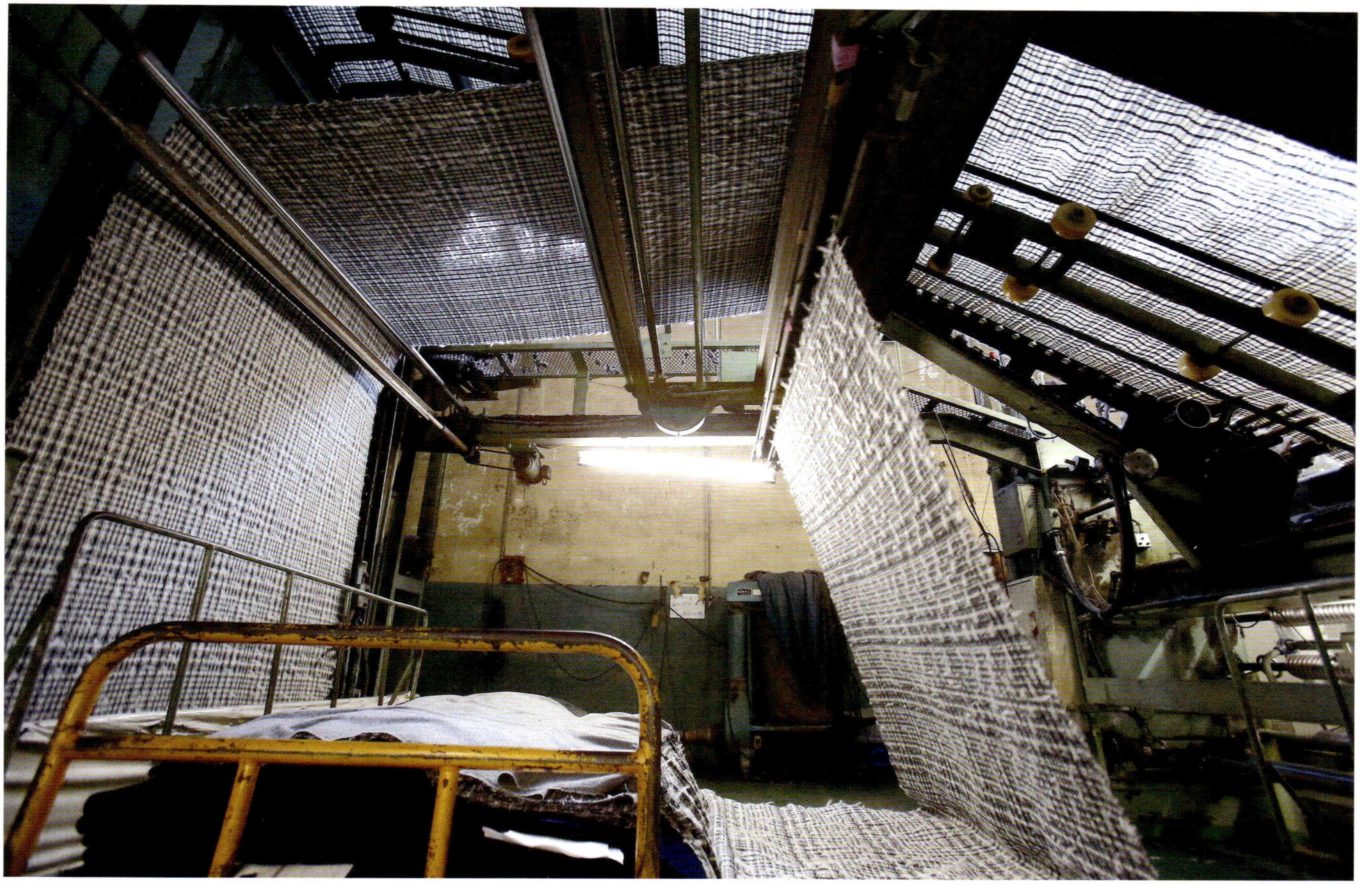

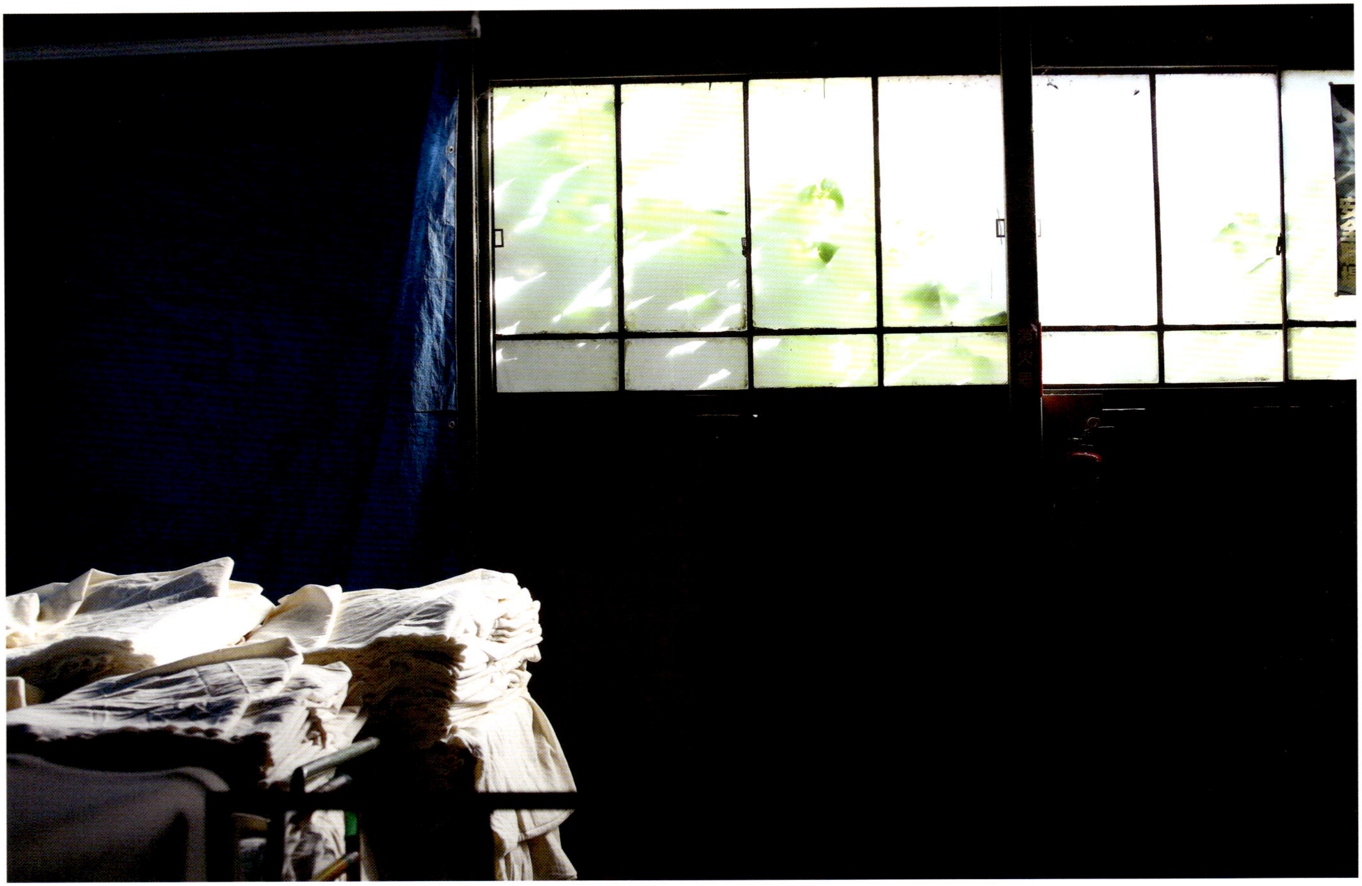

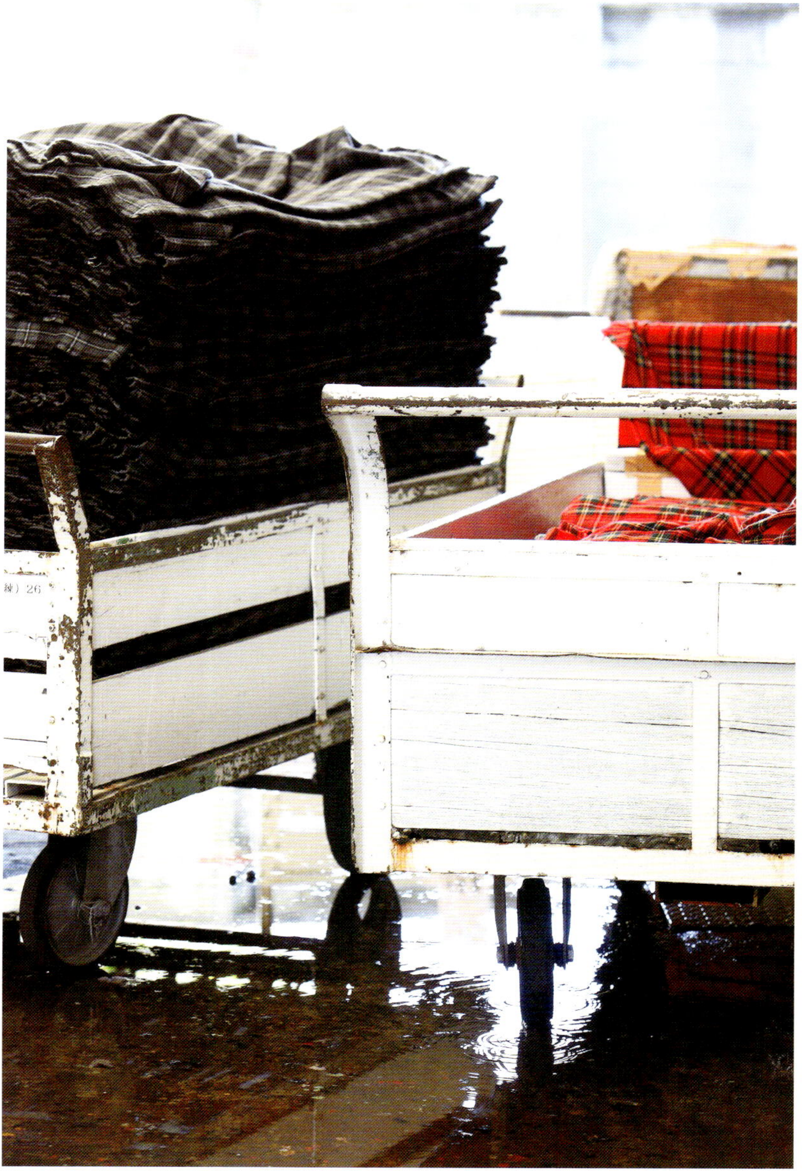

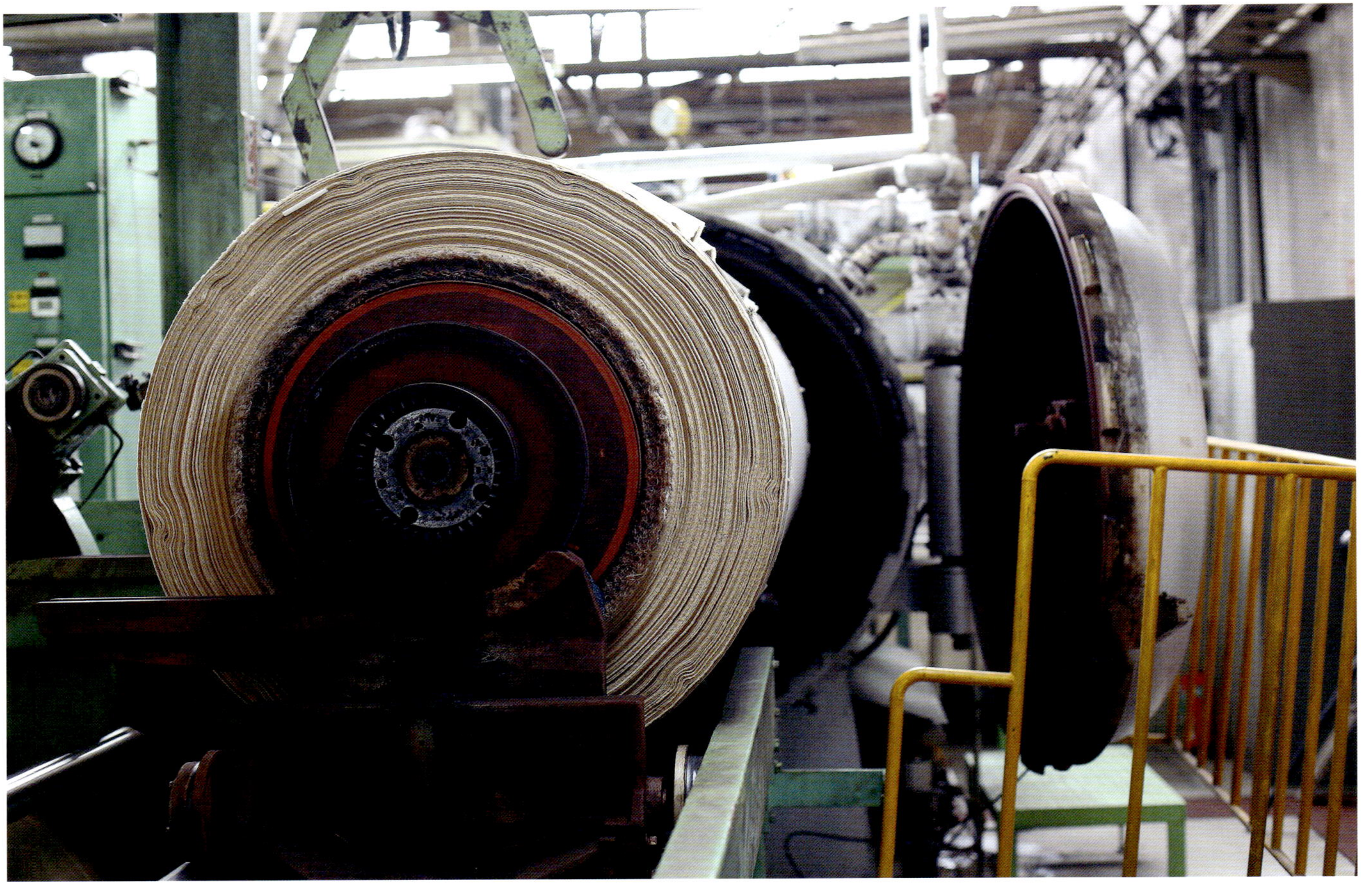

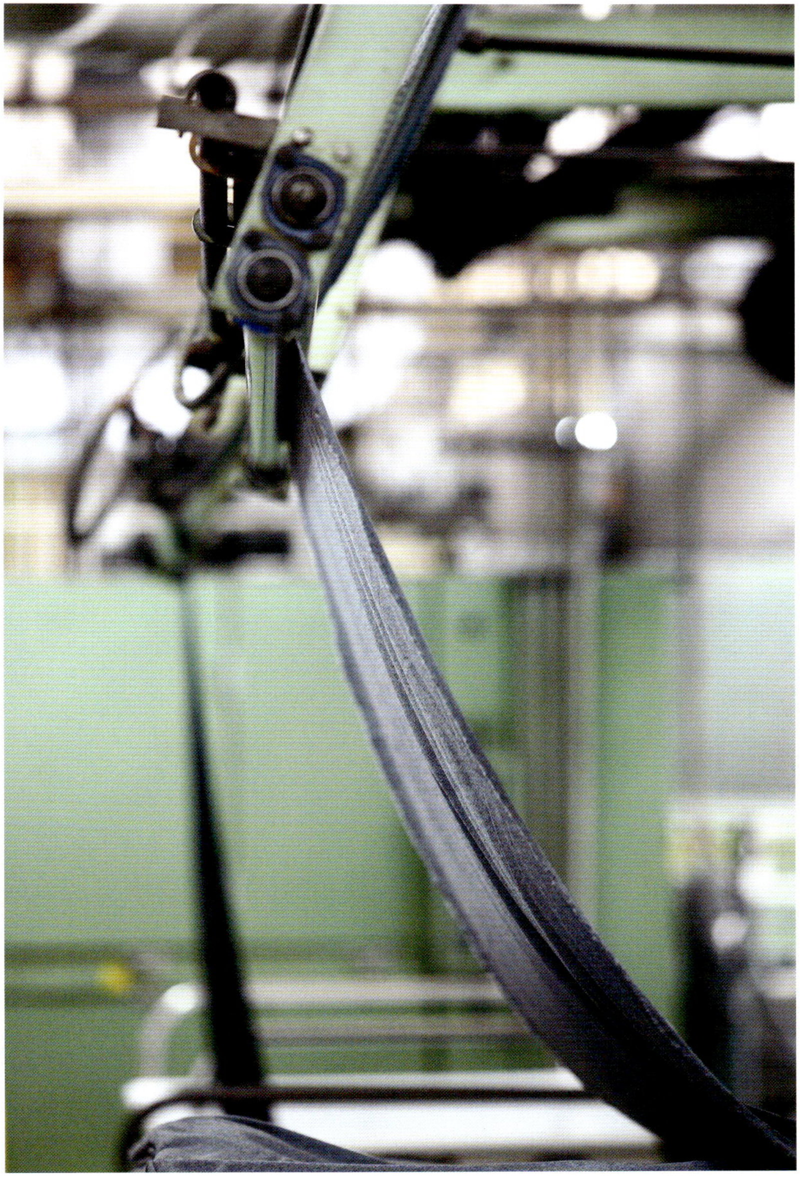

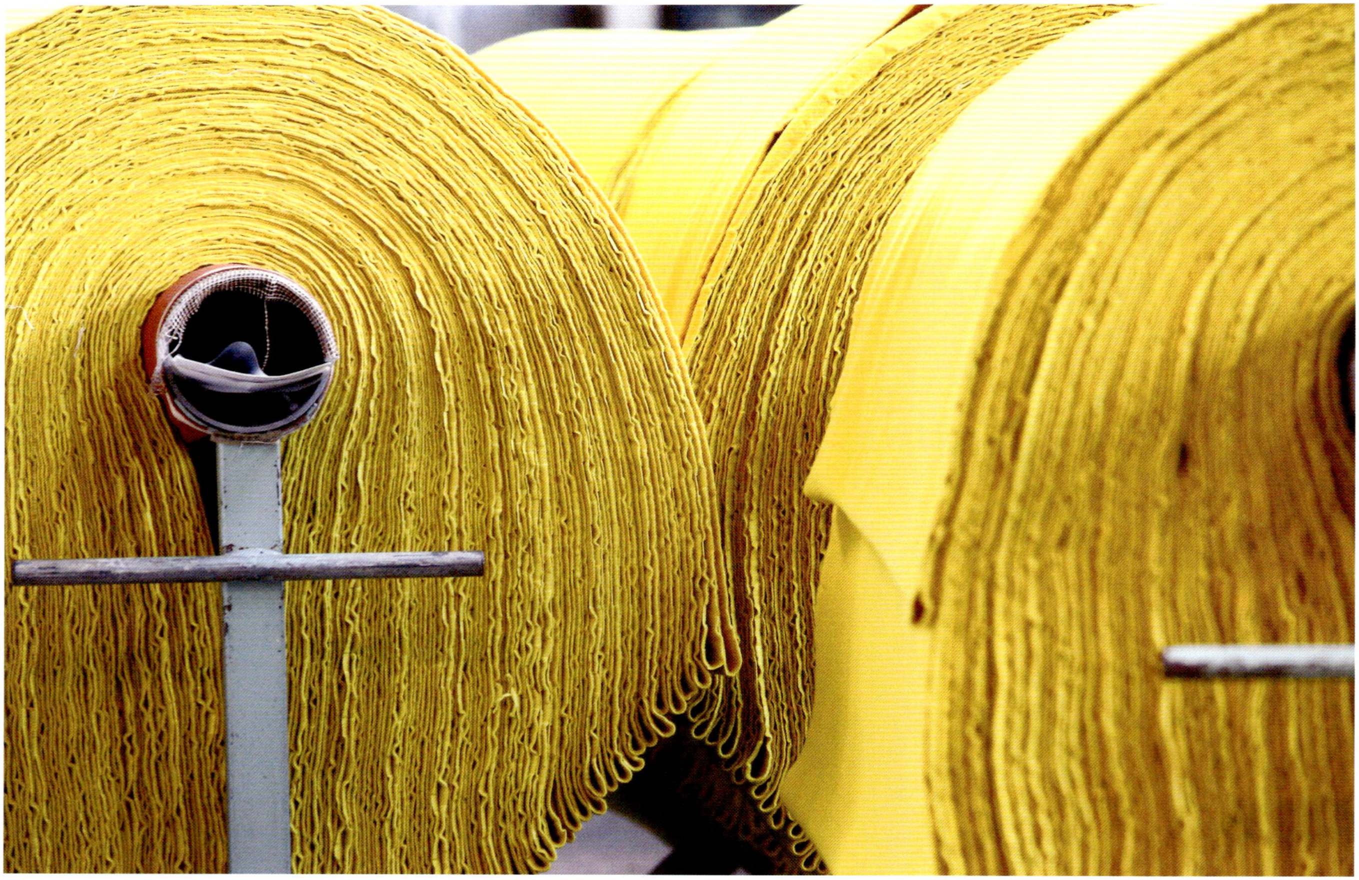

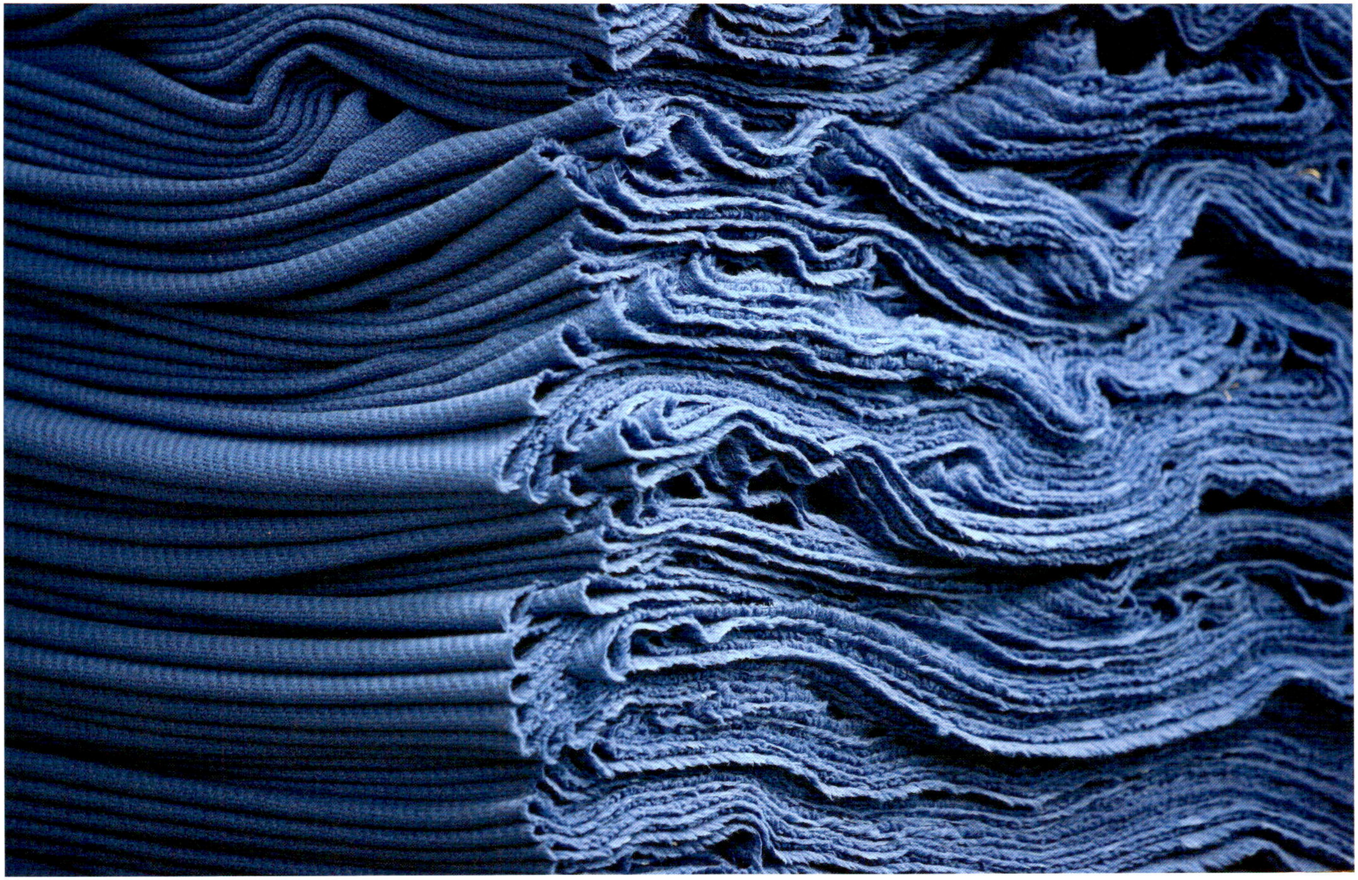

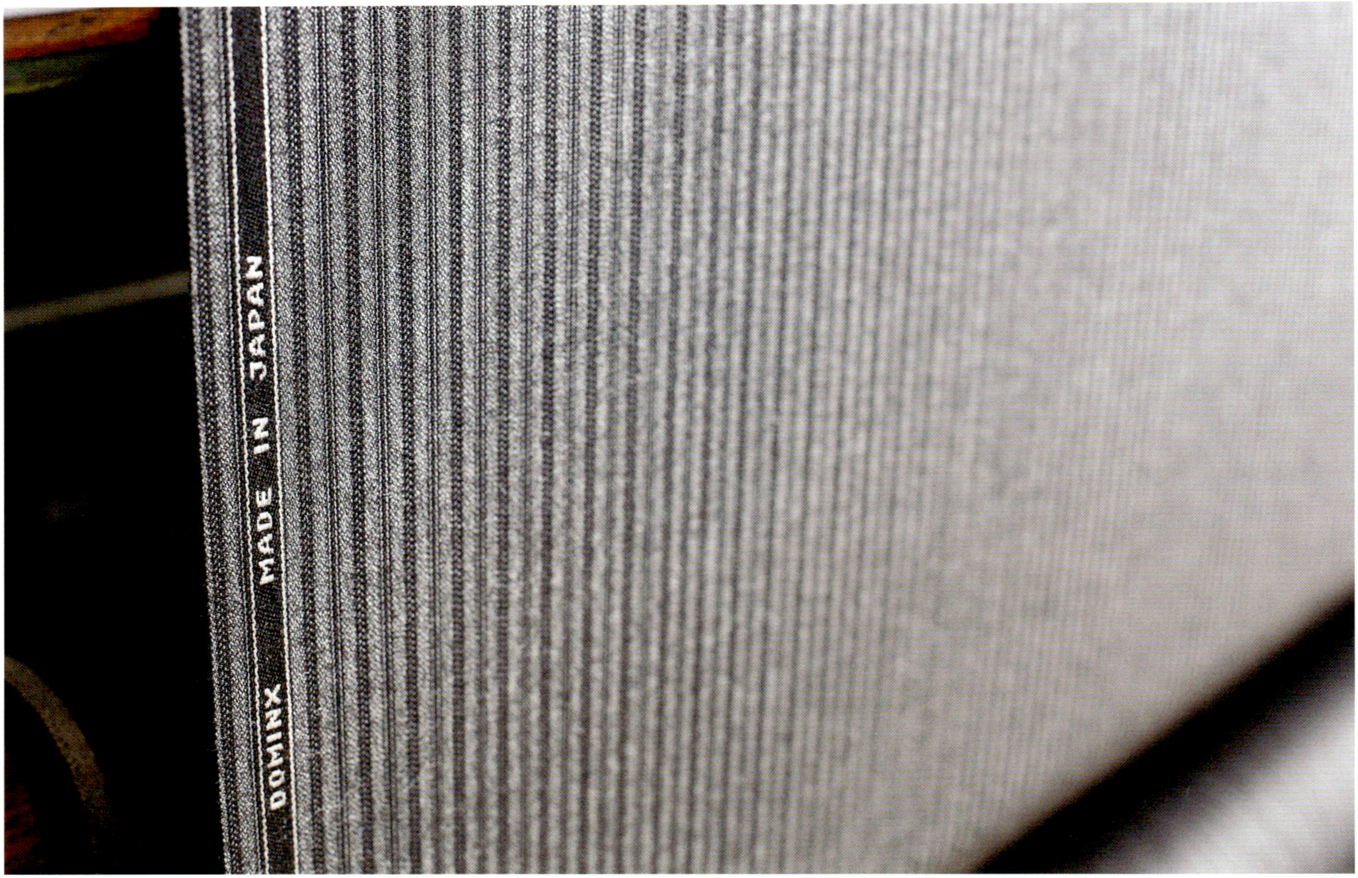
DOMINX MADE IN JAPAN

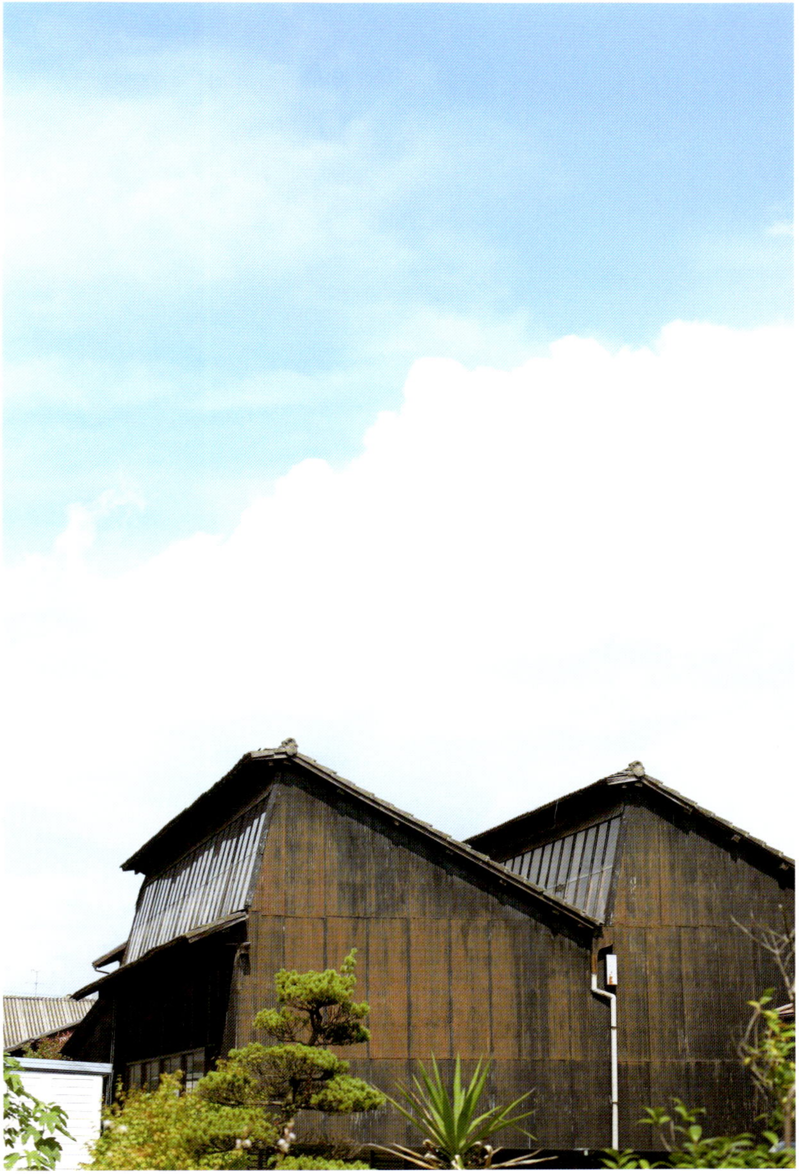

1. 技 technique

匠（職人）

千年の歴史が創り上げた「尾州」の技を職人が繋ぐ！

「尾州」の歴史は古く、奈良時代には麻・絹織物の産地として栄えたことが、延喜式などの文献に記されている。江戸時代には、綿花の栽培が盛んになるとともに綿織物の生産が始まり、「尾州」は、江戸後期には縞木綿（しまもめん）の一大産地へと発展していった。

麻・絹・綿と素材の移り変わりとともに発展してきた尾州産地。その積み上げられた技術と知識は、明治に入ると毛織物に受け継がれた。木曽川の豊かな水の恩恵を受け、明治中期にいち早く毛織物の工業化に成功、洋装化の流れや交通網の発展も後押しとなって、昭和初期には世界有数の高級毛織物産地に成長した。戦後は高度経済成長の波に乗り1970年代に尾州は最盛期を迎える。

その後産業構造の変化によって、現在は規模は縮小したものの、「尾州」は今なお進化を続けている。この進化を支えるのは、千年の歴史に裏打ちされた確かな技術と伝統を脈々と受け継いだ匠と呼ばれる熟練の職人達だ。匠の想いのままに、織機の規則正しい動きが今日も響き渡る。

生地が出来上がるまでには、膨大な時間と手間暇を費やす。原料から糸を紡ぎ、糸を撚り、染色して、織り、編み、そして仕上げの染色や整理加工、補修とそれぞれの工程で一つ一つ丁寧に付加価値が創られていく。

尾州の匠の技

尾州の匠の技

尾州の匠の技

一宮地場産業ファッションデザインセンター（FDC）

「尾州」を盛り上げる中核的存在

　FDCは、一宮市を中心とした「尾州」と呼ばれる地域の繊維産業を支援するため、国の地場産業振興センター制度を活用し、愛知県や尾張西部の自治体、繊維業界が拠出した資金を基に1982年に設立された。ファッション産業を中心にこの地域を盛り上げるため活動し30年を経た。

　1984年に竣工したFDC会館には尾州産地の毛織物を展示する常設のショールームや各種のセミナーを実施する会議室がある。FDCは、ファッショントレンド情報や技術に関するセミナーなどを開催して、テキスタイルデザイナーや産地企業に生地づくりのアドバイスを行い、またジャパン・ヤーン・フェア（JY）の開催、尾州・マテリアル・エキシビション（BME）の展示・商談会の開催等、企業の営業活動を支援することが主力の事業となっている。

　さらに尾州インパナ塾や学生を対象とした翔工房など、将来「尾州」を支える人材を育成・発掘するための大切な事業として力を入れている。

3階　企画開発の打合せ

1階　常設展示場

尾張繊維技術センター

「尾州」の頭脳、技術者たちの頼れる相棒

　愛知県の産業振興施策の一環として運営される機関で、正式な名称は、あいち産業科学技術総合センター尾張繊維技術センターである。地元から技術指導機関設置の強い要望を受け、1930年に業務を開始した。紡績機械を始め、染色、仕上の設備、研究機器を順次設置して、尾州産地企業への技術的支援を行っている。

　繊維、とりわけ衣服は私たちの生活に密着し、安心安全のため様々な検査基準をクリアしなければ、衣服として用をなさない。技術センターでは世界に誇る生産技術によって、「尾州」でつくられた生地が、厳しい品質基準に適合するか検査したり、技術的なアドバイスを行っている。長年培った技術を応用し、また、常に新しい技術を研究し、繊維の付加価値、品質を高め、「尾州」への貢献を果たしてきている。

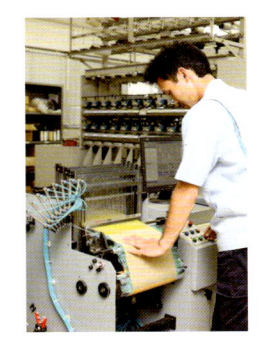

見本織機

センター内（レピア織機）

2. 設備 equipment

紡績

始まりは糸

　英国式紡績。何回も撚りを加えつつ、ゆっくり繊維のストレスをなくしながら引くことによって、繊維の持つ復元力が活かされ、膨らみをもった特別な糸が出来上がる。だから、その糸を使ってつくった生地は、特別な風合となって現れる。スローなモノづくり、今の時代に反するかもしれないが、そこにはつくり手の確かなこだわりが見える。特に「尾州」が得意とするモヘアのような獣毛に関しては、この英国式に勝るものは無い。自然が持つ力を最大限に引き出してくれる。衣服の差別化は原料、すなわち糸からである。現在、日本では少なくなった紡績業。だからこそ、貴重であり、メイド・イン・ジャパンの源泉となっている。そんな企業が「尾州」にはしっかりと根付いている。

　ただ現在は、スライバーに撚りを加えず、金属の櫛を通すことで均一に糸を作る仏国式紡績の方が、英国式と比べると生産性が高く安定しているため、紡績設備として主流となっている。

　このように長い羊毛を使って細くきれいな糸をつくる梳毛紡績のほかに、短い羊毛を使って、ふくらみのある糸をつくる紡毛紡績がある。紡毛紡績では現在主流であるリング紡績機もあるが、今でもカシミア等の高級素材はミュール紡績機が主に使われている。

英国式紡績　東和毛織株式会社

仏国式紡績　日本毛織株式会社

染色

木曽川の恩恵

　糸染め、反染め、製品染め。染色業も価値を生む大事な工程である。大量に水を使う染色は、何をおいても「木曽川」を抜きに語れない。川底の地中を流れる伏流水は、冬でも比較的温度が高く、pH値も一定のため、熱効率や染料の浸透が良く、この地域の繊維産業が栄えた大きな理由となった。この豊かな木曽川の恩恵により、糸を先に染めることで織柄による意匠力が発揮できる「先染め織物」が発達し、尾州の企画力が磨かれてきた。

　筒に巻かれた糸を大きな窯の中で大量に効率よく染めることができる「チーズ染め」。糸を巻きつけず束になった状態で糸の風合を生かしたまま染める「かせ染め」。また、糸をつむぐ前のトップという状態で染める場合を「トップ染め」といい、深みのある色がでるのが特長である。

　一方、先染めに対し後染めというのもある。反染めともいい、織り上がってから染めることで、表裏関係なく無地で染める。染色に関しては、素材や用途、価格などによって様々な手法がとられ、ここでも職人の技が生地の出来を左右する。

　また、昭和40年代後半に尾張地域では、地下水の利用により地盤沈下が大きく進行したことから、工業用水が敷設され、、産業インフラが整ったことも特徴としてあげられる。

糸染め　匠染色株式会社

反染め　匠整理株式会社

2. 設備 equipment

製織・製編

人と機械のコラボレーション！

　織物、編物、ともに機械によるところも大きいが、そこに職人の手が加わると、生地の出来上がりは様々に異なってくる。

　「ガッチャン、ガッチャン」、繊維産業が隆盛を極めた時代に主役となったションヘル織機が作動する音。1回ガチャンと動くと万と儲かる。戦後の高度成長期に尾州は「ガチャマン景気」に沸いた。繊細な毛織物を織るにはスローなこの織機が適している。

　その後大量生産型のビジネスが急進し、レピアやエアジェットなどの高速織機が続々投入された。ＩＴ技術の活用により、毛織物に求められる高品位と高速生産を両立させるように織機の開発が進み、現在の尾州大手機屋では革新的なレピア織機の導入が進んでいる。

　一方、編機は編み方によって経編（タテアミ）、横編（ヨコアミ）、丸編（マルアミ）に分類されるが尾州では丸編機が主流となっている。ローゲージ（粗い編目）からハイゲージ（細かい編目）まで、糸の種類や生地の用途によって使い分けられている。編物、いわゆるニットも何回かのブームを経て、近年では服装のカジュアル化が進み基本素材として定着した。尾州産地は織物とニットによって支えられている。

　生地作りが分業体制の尾州では、「織り」と「編み」の工程が中心的な機能を果たしている。

丸編機　中伝毛織株式会社

レピア織機　中伝毛織株式会社

ションヘル織機　日本毛織株式会社

一宮モーニング

モーニング発祥の地、一宮

　一宮の街で多いのが喫茶店。朝の時間帯はドリンク代のみでトーストやゆで卵、サラダなどが付く「モーニングサービス」を提供しています。

　その起源は、繊維業を営む、「機屋（はたや）」さんが、ガチャマン景気を経て、全盛を極めた昭和30年前半。事務所で商談や打合せをしようにも織機の音がやかましい上に埃っぽくてできず、エアコンが満足に普及していない当時のこと、「はたや」さんは喫茶店を応接間代わりに使うようになりました。多い時で一日に4回も5回も通ったそうで、常連となった彼らに対し、人の良いマスターが朝のコーヒーにゆで卵とピーナツを付けたのが「モーニングサービス」のはじまりとされています。

　半世紀経った今では、モーニングサービスはこの地方ならではの食文化として定着し、日曜日の朝には家族揃って喫茶店へモーニングを食べに行く光景が見られます。

尾張一宮駅前ビル3階シビックテラスの Cafe Ichimo

メニューは日替わり

＜一宮モーニング協議会＞
一宮商工会議所を中心に、一宮市・市内の高校、食品関係者などの団体からなる「一宮モーニング協議会」が設立され「一宮モーニングマップ」の発行をはじめ公式ホームページの開設、「一宮モーニング博覧会」など様々なイベント活動を通じて一宮市の知名度アップと街の活性化に取り組んでいます。
※「一宮モーニングマップ」より抜粋

3. 展示会 exhibition

尾州マテリアル展 2014 春夏

モノづくりを東京でアピール！
春夏もガンバル

　尾州産地単独の東京での展示・商談会「Bishu Material Exhibition（BME）」が年2回開催される。2004年に「ジョイント・尾州東京展」として始まり、その後「BME」として衣替えして引き続き行っている。今回も産地企業がプロジェクトチームを結成し、チーム共通のテーマで「モノづくり」を行うことにより、アパレル企業が集積する東京において、「尾州産地」の魅力を発信した。FDCが提携しているフランスのネリーロディ社のトレンド情報を基に製作した開発素材160点に併せて、出展企業が独自に開発した生地をそれぞれのブースに展示し、活発な商談会が開催された。年々来場者やサンプルリクエスト数も増加傾向にあり、今回の春夏展も前回をも上回る結果となった。元来秋冬物を得意とする産地であるが、春夏物も提案できる企画力を持っていることから、今回はこれまで以上に春夏に照準を合わせたモノづくりを行い、展示・商談会に臨んだ成果が現れたものといえる。

トレンドテーマごとに整然と並ぶテキスタイル、ガーメントも来場者の目を引く

尾州マテリアル展 2014/2015 秋冬

継続は力なり

　前身の「ジョイント・尾州東京展」と合わせると、尾州産地単独東京展「Bishu Material Exhibition（BME）」は、10年、20回目を迎えた。初回から当時は最もお洒落なファッションスポットの一つ青山ベルコモンズを会場として展示・商談会を行ってきた。青山ベルコモンズが建て替えのため、今回が当会場での最後の展示・商談会となり、2015春夏からは会場を青山のTEPIAに移して開催される。

　また、20回目を記念して、これまでの10年間のアーカイブス展も同時開催した。今回もこれまで以上の来場者数とサンプルリクエスト数を記録し、大手アパレルメーカーからも「継続は力。尾州産地の高品質な素材開発力がファッション界に認められた結果」との評価をいただいた。こうした「尾州」のプロモーションの強化により、「BME」はファッション業界人に必見の展示会となっている。

3. 展示会 exhibition

ジャパン・テキスタイル・コンテスト（JTC）

柄師（ガラシ）から
テキスタイルデザイナーへ

　1951年に始まった「全国織物競技大会」が前身で、2013年で、通算62回を数えている。1992年からジャパン・テキスタイル・コンテストに名称変更して、現在に至っている。その間、賞や審査員などは変更を重ねているが、テキスタイルデザイナーの顕彰・地位向上及び人材の発掘・育成という目的は変わることなく行ってきた。「JTC2013」では国内外から278点の応募作品が寄せられた。

　2006年には学生の部を創設し、特に若い人たちへのテキスタイル産業のアピールを図っている。往時は毛織物の柄（ガラ）を考案する職人は柄師（ガラシ）と呼ばれ、ステイタスを保っていた。その技を継承するテキスタイルデザイナーへの登龍門としてのJTCへは、学生達の独創的な作品が数多く出品される。

　また、JTCではビジネスチャンスの創出にもチャレンジしてきた。全応募作品の内覧会や優秀作品の海外や「BME」での展示。さらには大学や百貨店での展示も始まった。昨年からはアパレルデザイナーとのビジネスマッチング事業を行うなど新たな取り組みも始まっている。

　審査会場となるFDC会館の展示ホールにずらりと陳列された応募作品は、業界を代表する7名の審査員によって丸一日掛かりで審査が行われ、優秀作品はJYの会場で表彰される。

JTC2013 審査会

JTC2013 審査会

総合展「THE 尾州」でのJTC2013　優秀作品の表彰式

ジャパン・ヤーン・フェア（JY）

ファッションビジネスのプラットフォーム

　全国のヤーン業者が一堂に会する国内唯一の糸の展示・商談会。FDC開館20周年記念事業として2004年に始まり、2014年で11回を数え、地元のヤーン業者はじめ全国から紡績、合繊メーカー、意匠撚糸、糸商社など49社が出展した。

　JYは8回目迄はFDC会館で開催してきたが、一宮市総合体育館がオープンして以降は会場を移転。会場が広くなったのを機に、生地やアパレル製品の総合展「THE 尾州」を同時開催している。「THE 尾州」には産地の繊維企業約90社が結集した「尾州産地を考える会」のメンバーが出展し、尾州の総合力を発信する場となっている。当初の目的は主に地元の織物業者のためであったが、回を重ねる度に東京、大阪のアパレルや小売店の来場者が増えて、直近では全国から約4千人の来場者がある。

　会場には著名なクリエーターの姿も見られ、その後出展企業の工房へと赴いて、イメージする生地づくりを「尾州の匠」と協同作業で行う。彼らが世界のファッションシーンで活躍するには素材の力が大きな武器になる。

　商品の差別化は、やはり糸から。JYは、川上、川中、川下企業のプラットフォーム。この展示・商談会への参加が、ファッションビジネスの始まりとなることが期待される。

著名クリエーター来場

尾州産地を考える会

ジャパン・ヤーン・フェア＆総合展「THE 尾州」

4. 建物 architecture

尾張一宮駅前ビル（愛称ｉ－ビル）

３８万都市の顔

　2012年11月オープン！JR東海道本線尾張一宮駅に市民念願の駅前ビルが完成した。集会やミニコンサートが開催できる多目的のシビックテラス、300人のパーティーも可能なホール。市民活動支援センターや商工会議所が運営する起業支援施設「一宮市SOHOインキュベータオフィス」。最大の売りもの、60万冊を収蔵する中央図書館は特に繊維関係の書籍や文献、そして古代裂（こだいぎれ）など貴重な資料が充実している。1階には人気の飲食店や高級食品スーパーが出店。市民に開かれた施設が、駅という人が行き交う中心地にできた。

　江戸時代より真清田神社の門前町として栄えた一宮市。その昔は三と八の日に開かれたことから三八市と呼ばれた市場では、織物を始めいろいろな品々が物々交換され、大変な賑わいだったと伝えられている。今、ｉ－ビルが現代の三八市となって、人々に交流の場をもたらしている。2014年3月、第21回愛知まちなみ建築賞　大賞受賞。

一宮市役所新庁舎

市民の役に立つ所、市役所

　2014年3月完成！5月7日オープン。従前の市庁舎は老朽化が著しくまた手狭なため、2005年の旧尾西市・旧木曽川町との合併後も分庁方式でそれぞれの庁舎に分散して事務を行っていたが、新庁舎の完成を機に事務が統合され効率が高まった。

　総合体育館、ｉ－ビルに続き、市役所新庁舎が完成した。全面ガラス張りのモダンな14階建て。市役所機能が一つになり、市民は生活に関わる様々な事柄に関してワンストップサービスを受けられる。今まで消防本部にその都度設けられた災害対策本部も市役所4階に防災会議室が常設され、危機管理も充実する。11階には一般市民も利用できる食堂があり、濃尾平野を一望しながら「一宮モーニング」が楽しめ、市民憩いの人気スポットになっている。今後周辺整備も進み、街並みもお洒落になると期待される。

のこぎり屋根の工場

繊維産業で栄えた一宮の象徴

　のこぎり屋根とは、屋根の形が鋸の刃の形に似たギザギザの三角屋根の建物で、主に織物関係の産地に多く見られる。一宮市内にも2,252棟が現存している（2010年調査、一部未調査地区あり）。地域的にみれば日本一ではないかとも言われている。それでも近年は工場の廃業によって随分、マンションやスーパー、分譲住宅に変わってしまった。

　のこぎり屋根は、屋根の鋸の刃の短辺に当たる部分に採光用のガラス窓を備える構造のため、ほとんどが北向きになっている。工場内への直射日光の差し込みを抑え、間接光のため日中の光量の変化が少ない安定した一定の光源が得られるためで、織物の組織や生地の柄、色合わせを見るのに適している。先人の知恵は本当に素晴らしい。

三岸節子記念美術館

一宮市が誇る貴重な美術館！

　一宮市が誇る女流画家、三岸節子の生家の跡地に記念して建てられた。節子の生家も機屋業であった。美術館は機屋のシンボル、のこぎり屋根をモチーフに煉瓦造りのモダンな建築物。当館が所蔵する作品の常設展示室やロビーはのこぎり屋根の天窓から柔らかな自然光を採り入れる設計となっている。隣接する土蔵を修復した展示室には愛用の品とともにアトリエが復元展示されており、生前の節子の生活に触れることができる。全国から節子に会いにここまで来る愛好家が後を絶たない。

　花を愛し、自ら庭で花を育て、旅先でも花を楽しみ、生涯にわたって多彩な花を描き続けた。中でも亡くなる直前の集大成「さいたさいたさくらがさいた」は、この記念美術館に飾るため取り組んだ100号の大作である。付近の民家には古い土蔵がいくつか保存されており、機屋業が隆盛だった時代を偲ばせる。

4. 建物 architecture

一宮市博物館

一宮の歴史と文化を雄弁に物語る

　南北朝時代に創建の長島山（ちょうとうさん）妙興寺報恩禅寺の境内に隣接し、歴史的景観及び自然景観に調和した落ち着きがありながら斬新なデザインの建築の博物館は、1987年11月に開館した。

　一宮市が所蔵する美術工芸品の常設展示の他、書画や工芸品の企画展が随時開催される。

　館内では一宮市木曽川町出身の日本画家川合玉堂（1873-1957）の作品を鑑賞することができる。玉堂は日本各地へのスケッチ旅行を通して自然に学び、新しい日本の風景画を描いた。

　代表的な所蔵品として江戸時代から近代までの毛織物530点を集めた「墨コレクション」がある。その中でも武士が戦場での装いとして華を競った陣羽織（じんばおり）は、服飾文化史の視点から極めて価値が高い。陣羽織に用いられた毛織物は、ポルトガルやオランダとの南蛮貿易でしか手に入らない高級品だった。

一宮市総合体育館

展示会もできます！

　2011年3月にオープン。木曽川と東海北陸自動車道が交わり、光明寺公園球技場と138タワーパークの間に位置し、一宮市の北の端にある。3つのアリーナがあり、それぞれプロスポーツも可能な本格的な体育館となっている。競技場面積7,020㎡は、県内最大を誇り、全国でも有数の規模である。

　全国規模でのバスケットボールやバレーボール大会が頻繁に開催される他、市民のスポーツを通じた交流の場として人気が高い。

　ＦＤＣは、総合体育館がオープンして以後、ジャパン・ヤーン・フェア（ＪＹ）と同時開催の総合展「THE 尾州」の会場として活用している。

　一宮市はアリーナに対する「命名権」を一般公募した。地元企業2社が応札し、それぞれ「いちい信金アリーナ」「DIADORAアリーナ」として市民に親しまれている。

織姫像

未来へ向かう！

　1959年4月に繊維の街のシンボルとして、一宮駅東の銀座通ロータリーに設置された。製作者は、彫刻家の故・野水信。毛織王国を築いた「尾州」に、ウールの恩恵をもたらす羊を連れて大空に向かって両手を大きく広げ、未来に向かって駆け出そうとする様子が表現された2.65メートルのブロンズ像。

　「尾州」の最盛期には西日本各地から集団就職で沢山の学卒間もない乙女たちが一宮にやってきた。紡績や織物工場で働く彼女たちは地元にとって大切な人材で「織姫」の愛称を奉ったことに由来する。

　1999年に一宮ロータリークラブの創立50周年記念として、現在の位置、JR尾張一宮駅の南側、高架沿いに移設された。以来、ウォーキングイベントなどの集合場所としても活用されている。

工場で働く現在の「織姫」

本町商店街

地域の歴史と伝統を活かした
市民憩いの商店街

　江戸時代より真清田神社の門前に三八市が開催され、古くから繊維産業とともに栄えてきた。明治初年には常設店・仮設店を合わせて700店舗以上にまで拡大し、尾張経済の商品流通拠点となった。戦災により商店街は灰燼に帰したが毛織物産業の隆盛に伴って、逸早く復興。1971年に全蓋式のアーケードが設置され、七夕まつりと並んで全国にその名を知られている。

　「尾州」の最盛期には休日になると、地元の工場で働く「織姫たち」で大いに賑わった。

　近年、伝統の七夕まつりを始め、積極的に市民参加を取り入れたお祭りやイベントが毎週のように開催され、地域の中の商店街を意識し、地域の歴史と文化を活かして、市民の憩いの場となっている。

5. 祭 festival

真清田神社

尾張の国の「一の宮」

　律令制の時代、国司がその国の神社に参拝するとき、一番初めに参拝するお宮を「一の宮」といい、真清田神社は尾張の国の「一の宮」。「一宮市」の地名も尾張一宮に由来する。

　祭神「天火明命（あめのほあかりのみこと）」は、「天照大神（あまてらすおおみかみ）」の孫にあたり、鏡造りの祖といわれ、また尾張人の遠祖（とおつおや）ともいわれている。

　祭神の母の「萬幡豊秋津師比売命（よろずはたとよあきつしひめのみこと）」は、織物の神として同じ境内の服織（はとり）神社に祀られている。

　江戸中期、真清田神社の門前で始められた「三八市」は、各地から様々な産物が集まり、大変な賑わいを見せた。一宮近在の農家では綿花の栽培が盛んで、綿花を扱う仲買人たちも多かった。

　空襲で社殿は焼失したが、戦後の繊維産業の著しい復興によって培われた財力と市民の厚い信仰心によって、1957年に再建された。

本殿前で行われる節分豆撒き

本殿の東に位置する服織神社

現在の門前、宮前三八広場

桃花祭

除災招福のお祭り

　往古、真清田神社の周辺は「松降荘青桃丘」と呼ばれ、桃の木が群生し、神社近くを木曽川の支流が流れていた。参詣者は、古来お祓いの力があると言い伝えられていた桃の小枝を切り取り、自分自身を祓い清めた後、木曽川支流に流したことから、桃花祭は除災招福のお祭りとして伝えられている。

　真清田神社の大祭（例祭）として、かつて陰暦の3月3日の桃の節句に行われていたが、1910年、太陽暦の4月3日を大祭日とした。

　4月1日に行われる短冊祭では、毎年兼題を決めて募った和歌から優秀歌を選び、本殿で披露される。2日には、弓矢で的を射て、その的中率でその年の豊凶を占う歩射神事がある。大祭の3日には、神輿の巡幸が行われる。「馬まつり」の異名をもつ桃花祭では、馬の背に御幣や人形を飾った「馬の塔」や警護の騎士などが神輿の供をする。時代衣装をまとった総勢200人以上の行列が本町商店街を通り抜け、近くの富士三社境内に設けられた御旅所で神事を行った後、神社へと戻る。

神輿の巡幸

御旅所での神事

5. 祭 festival

一宮七夕まつり

おりもの感謝祭一宮七夕まつり

　一宮市民の守り神として崇敬される真清田神社の祭神天火明命の母君、萬幡豊秋津師比売命は太古から、織物の神として知られ、そのご加護によって、「尾州」の織物業が発達したといわれることから、毎年7月の最終日曜日をフィナーレとする木曜日から4日間、織物とゆかりの深い牽牛、織姫にちなみ開催されるお祭り。

　1956年に創設された一宮七夕まつりは、今では市民の夏の最大イベントとして根をおろし、仙台、平塚の七夕まつりと並びその飾り付けの絢爛豪華さは日本三大七夕まつりと称賛されている。会期中イベントが多数催されるが、「服織（はとり）神社」に織物を奉納する古式懐しい「御衣奉献大行列」は延々300メートルにもおよぶ。

　毎年コンテストによって選ばれるミス七夕、ミス織物は、愛知県庁はじめ県内各自治体を巡回して七夕まつりへの招致活動を行う他、開催期間中様々なイベントに出席して花を添える。

コスプレ・パレード

繊維の街からコスチュームタウンへ!!

　2011年、一宮商工会議所創立90周年記念事業として「未来の一宮創造プランコンテスト」が実施され、「繊維の街からコスチュームタウンへ」と題したプランが最優秀賞を獲得。人気アニメをモチーフとした「コスチューム」を着て楽しむファンがふえている事に着目し、一宮が持つ繊維産業のインフラを「コスチュームづくり」に役立てることによって「繊維の街」を活性化する秀逸なプラン。

　2012年には、テレビ愛知主催の世界20ヶ国から予選を勝ち抜いたコスプレーヤーが一堂に会する「世界コスプレサミット」とのタイアップ企画が持ち上がり、一般公募のコスプレーヤーも加えたパレードを一宮七夕まつりのイベントとして大々的に実施した。参加者はもちろん見物客からも大好評を博した。

　その後七夕まつり以外の時期にも休日となるとコスプレーヤーたちがｉ－ビルや本町通商店街に集結するようになって、一宮は「コスプレーヤーの聖地」の様相を呈してきている。

6. 次世代の育成 nurturing of the next generation

翔工房

学生のアイデア×匠の技

　ＦＤＣが実施する学生対象の人材育成事業。2009年にモデル事業としてスタートし、翌年から公募により実施されている。毎回、学校及び学生からの評価も高く応募数も増えている。

　この翔工房は、将来ファッション業界の各方面での活躍を期待される学生が企画力を早い段階から醸成する目的で創設された。学生にとって、アイデアやイメージから実際の製品になるまで、一つ一つの現場や工程を実際に目で見て、肌で触れることは非常に貴重な経験となり、将来の糧となる。学生の斬新なアイデアを基に、学生と経験豊富な「匠の技」を持つ技術者「ＦＤＣ匠ネットワーク」のメンバーとがコラボレーションすることによって、この世に一つしかないテキスタイルが生み出される。この素材のため匠はありったけの知識と技を注ぎ、各段階できめ細やかな指導を行う。学生はそれに応えてどんなガーメントを完成させるのか。最終的に総合展「ＴＨＥ尾州」の場で、匠とともに完成させた衣装のプレゼンテーションを行う。ここまでの各段階できめ細やかな指導をするのが翔工房事業である。

　モノづくりの現場で汗を流し、素材の重要性を再認識し、将来への礎をしっかり築いた若い才能が将来ファッション業界に羽ばたくことが期待される。

匠とともにプレゼンテーション

匠とともに工場で自ら体験

素材から創り上げる過程を将来の糧に

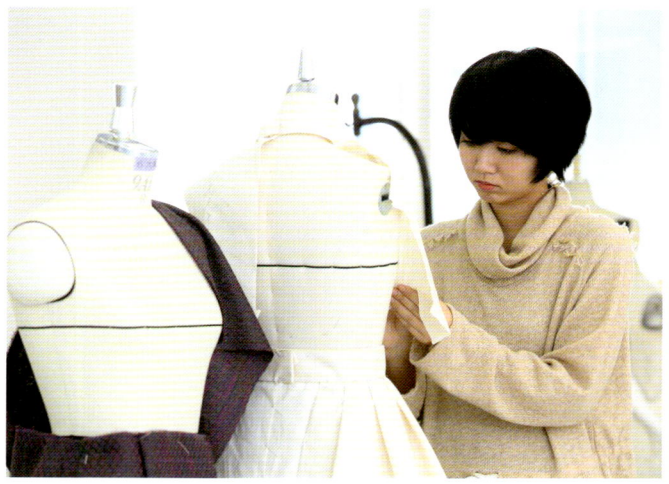

参考文献等

一宮市「歴史と観光」（パンフレット）
一宮市ホームページ（http://www.city.ichinomiya.aichi.jp/）
一宮市観光協会ホームページ（http://138ss.com/）
一宮市尾西歴史民族資料館
　特別展「のこぎり屋根と毛織物」
　（2012年2月4日～3月25日）（特別展図録 No.85）

ＦＤＣパンフレット
ＦＤＣ「尾州産地のテキスタイルが生まれるまで」（パンフレット）
ＦＤＣ「翔工房」（パンフレット）
ＦＤＣホームページ（http://www.fdc138.com/）
一宮市博物館だより No.47　2011年3月

糸がつむぐお話「尾州の今を見る」

末松グニエ　文

　多くの人はどのように布が仕上がっていくのか知らない。それは一本の糸からできる。大きな鉄の塊のような織機を職人のご夫婦が操り、布を織っている。SLのような織機は時には髪の毛より細い糸を縦横無尽に操り一枚の布にしていく。

　月に何度もカメラを手に小さな工場へ通う度、職人さんと話しをするようになった。その時、彼らからはもうこの産地はダメだ、という声ばかりが聞こえてくる。下を向く彼らも70代のご夫婦。跡継ぎはいない、いても食っていけないと言う。何故なら、仕事量も減っているが、工賃が30年前と変わっていないという。織機の部品も生産されていないらしい。少しずつだが元気はなくなっている。何かやってみよう、まず地元の人たちに機屋（はたや）の今を知らせたい。簡単に「衰退した」と言わないで...、という思いでいっぱいになる。

　実際、大小様々な工場へ行ってみるとそこでは毎日のように、大量に質の高い布地が何百反と織られ編まれている。織る編むだけではない、糸を紡ぎ、糸や反物を染め、多くの職人さんが誇りを持ちそれらの現場で働いている。

　紡績工場では、一人の人が何十もある糸捲きを、途中で切れていないか確認して回っている。トップと呼ばれる原羊毛を洗ったものを輸入し、毛の向きをそろえ、何度も何度も撚りをかけ、細く、長く、強い糸を生産している。

　ファンシーヤーンという意匠撚糸（いしょうねんし）は、一宮で大変栄えた分野だ。手芸用、織機用、ループや、リリアーンなど様々なタイプの糸を紡ぐことが出来る。

　夏場の糸染め工場では高温の蒸気を出している釜がたくさん並ぶ中、大量な汗をかきながら多くの職人が大きな釜で何百キロにもなる糸を染めている。専用の光の元で、注文で入った糸と染めた糸が同じ色であるかの確認をする専門の人もいる。

　織物やニットの工場では、その時婦人物を扱っていれば色とりどりの糸を見ることが出来る。紳士用フォーマルや背広の生地が多い時期だと、紺、グレーなど濃い色の糸がほとんどの織機、編機を埋めている。工場によって得意分野もあるようだ。どこの工場でも真剣な表情で慎重に経糸（たていと）を操り、織機に仕掛ける準備をしている人がいる。

　整理加工工場では様々な工場から様々な反物が集まってくる。真っ青、黄色、赤と黒のチェック、ピンクと白の縞模様など、色とりどり。素材もウール、カシミア、綿100％、コーデュロイ、合繊など、軽いもの重いものと様々である。それぞれ目指す"風合い"があり、そのためにその反物により通る工程が違う。「洗い」ひとつとっても反物によって温度や時間の長さが違う。洗うだけではない、高温で蒸したり揉んでわざと縮ませ厚みを出したり、より薄くしたり、余分な毛を焼いたり、反対に毛羽立たせたり...。多い場合一反が20工程を通り、その工場から出荷されると云う。尾州では整理工程を通らない反物は一反もない。

　一宮にはふたつの姿がある。80年前から同じ機械を使う工場と高速織機といわれる最新鋭の織機や機械を取り入れる工場である。

　80年前からある織機の代表は「ションヘル織機」今も一宮(尾州)には300台あると言われている。これは、動力や歯車、ベルトなど仕組みが全て剥き出しになっている。この部分が経糸を動かしている、これは緯糸（よこいと）を見ていてわかる。加えて素晴らしいのは、もしどこかの部品が壊れたとしても布を織る職人さんが、なんとか工夫して直してしまえること。

SEISEISHA PHOTOGRAPHIC SERIES
大自然からの贈り物

写真家たちの自然への想いを大切に
紡いでいくネイチャーフォトシリーズ

248mm×186mm / 64頁 / ハードカバー / 各1,600円（税別）

陽柱 ーサンピラー	高橋 真澄	ふくろうの森	横田 雅博
つかどこかで	高橋 真澄	愛しきものエゾフクロウ	横田 雅博
美瑛・富良野	高橋 真澄	海の美術館	島津 正高
ME 時空を越えて	星河 光佑	上高地	アサイミカ
e in blue 海の祝祭日	須山 貴史	AURORA オーロラの空	谷角 靖
万十川	山下 隆文	富士山	山下 茂樹
水めぐりて	深水佳世子	銀河浴	佐々木 隆
の岬	金澤 静司	屋久島	大沢 成二
Jewels	比留間和也	小笠原	小林 修一
からの手紙	越智 隆治	Animal eyes	前川 貴行
		光の彩	中西 敏貴

SEISEISHA MINI BOOK SERIES
ポケット一杯のしあわせ！
いつでもどこでもいっしょだよ

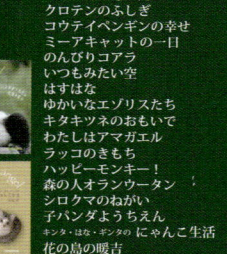

120mm×120mm (手のひらサイズ) / 39頁 / オールカラー / ハードカバー / 各780円（税別）

フクロウにあいたい	横井 裕幸
モモンガにあいたい	富士元寿彦
クロテンのふしぎ	富士元寿彦
コウテイペンギンの幸せ	内山 晟
ミーアキャットの一日	内山 晟
のんびりコアラ	内山 晟
いつもみたい空	高橋 真澄
はすはな	河原地性子
ゆかいなエゾリスたち	高野美代子
キタキツネのおもいで	今泉 潤
わたしはアマガエル	山本 輔
ラッコのきもち	福田 幸広
ハッピーモンキー！	松成由起子
森の人オランウータン	松成由起子
シロクマのねがい	前川 貴行
子パンダようちえん	佐渡多真子
キンタ・はな・ギンタの にゃんこ生活	佐藤 誠
花の島の暖吉	杣田美野里

NEW PHOTOGRAPHIC SERIES

NORTHERN LIGHTS / 谷角靖
SUNPILLAR / 高橋真澄
PENGUIN LAND / 福田幸広
野の鳥の四季 / 熊谷勝
ハヤブサ / 熊谷勝

富士山 / 山下茂樹
Dall Sheep / 上村知弘
マダガスカル / 山本つねお
飛翔 / 松本錦諸
風雅 / 高橋真澄

A5判変形 148mm×203mm / 96頁 / ソフトカバー / 各1,500円（税別）

青菁社 詳細はホームページをご覧下さい。

http://www.seiseisha.net

〒603-8053 京都市北区上賀茂岩ヶ垣内町 89-7
TEL.075-721-5755 FAX.075-722-3995

2016.03

猫だって鬱脱げくらい
できるもん。
（著・あおいとり）
本体 1,300円（税別）

島ねこぽん
（著・あおいとり）
本体 1,200円（税別）
148mm×140mm 96頁 / ソフトカバー

石垣島
（著・アサイミカ）
本体 1,000円（税別）

美瑛 光の旅／中西敏貴
A5判 96頁 ソフトカバー
本体 1,300円（税別）

沖縄・八重山諸島／深澤武
B5判変形 96頁 ソフトカバー
本体 2,000円（税別）

生産を辞める工場から、要らなくなった織機を引き取り、必要な部品を取り出し自分の織機の修理に使う。古い機械だから壊れる、しかし自分の手と長年積み上げてきた経験と工夫で直してしまう。これが、長い間ションヘル織機が一宮で活躍する理由でもある。そしてこの織機を扱うには経験からくる勘が必ず必要になるらしい。今いる職人の方々の平均年齢は70歳。
　ションヘルは一分間に90回緯糸を通す。最新鋭のものは速い織機で、一分間に800~850回緯糸を通すことができる。その差は歴然だ。だが、私はどちらにも良さがあると信じる。高速織機は生産効率がとても高い。大量生産が得意である。ションヘル織機の特徴は、緯糸をシャトルに装塡しそれが往復する、その仕組みは手機とあまり変わらない。そして動きがゆっくりであるが故にいろいろな工夫が出来るという。実際、その点を利用し他では織られない、斬新な布地を日々生み出している職人もいる。加えて諸説あるが、ションヘルで織られた布地は独特の風合いがあるという。
　私が世界に知らせたい尾州産地には8つの特徴がある。
1、海外有名ブランドから直に注文が入る程、質の高い製品を長年生産し続けている。
2、長年務める職人さんがたくさんいる。
3、1000年の歴史のある繊維の産地である。(麻、絹、綿、毛織)
4、最新鋭の機械と歴史ある機械が共存している。
5、毛織物を作る工程(紡績から整理加工)が全て揃っている世界有数の高級毛織物産地。
6、紳士用フォーマル生地や様々な婦人物、カーテン生地などどんな物でも作る事ができる。
7、小ロットから大量生産まで幅広く生産できる。
8、年間の出荷量は婦人物、紳士物、ニット合わせて約150万反。
　日本の中のファッション用ウール素材の織物、ニットの9割は尾州で作られている。

　ションヘル織機の音を聞いて育ったものの大人になってから初めてそれを目にし、一気に魅了されました。
私は2009年より独自に撮り始めた尾州産地の写真で2013年に一宮市で個展を行いました。
それを観賞されたモリリン株式会社の森克彦会長との出会いが、私にとって大きな転換点となりました。
森会長と始めた「尾州産地の一年」を写真で記録し、アーカイブしていくという企画は、一宮の底力や魅力をより一層知るきっかけとなり、写真の持つ役割を考え直すきっかけにもなりました。
　その魅力を一人でも多くの方と共有し、活動の集大成であるこの本が、一宮や尾州産地の発展に少しでも貢献できるならこの上ない幸せと思います。この素晴らしい機会を与えてくださった森会長には、心より感謝を申し上げます。
中伝毛織株式会社、中外国島株式会社はじめ各工場の皆さまはいつ伺っても温かく迎え入れてくださり、それが大変有り難く私の活動の支えとなりました。写真家　畑祥雄先生からは、自分の信念に誇りを持つことを教わり、いつも勇気を与えてくださいました。青菁社の中島厚秀さんには、編集・制作の過程で的確なアドバイスを頂きました。
　最後になりますが、出版に関わって頂いた多くの皆様へ心より感謝を申し上げます。

経歴

末松グニエ 文（すえまつぐにえ あや）

愛知県一宮市生まれ。

生家の近くの機屋から聞こえてくるションヘル織機の音を聞いて育つ。

大阪芸術大学芸術学部写真学科 卒業後、

2000年より商業カメラマンとなる。

2007～08年 単身渡英

2009年 フリーランスカメラマンとなる。

　　　　地元で写真教室のアドバイザーを始めた際、

　　　　被写体としてションヘル織機と初めて出会う。

　　　　そこで衝撃を受け、そのまま自身の作品の題材とすることを決意。

　　　　様々な工場へ取材に行き、作品を撮りためる。

2011年 写真家 畑祥雄先生と出会い、様々なアドバイスを頂く。

2013年 3月 フランス人男性と結婚し、末松グニエ　文として活動開始する。

2013年 2月 個展 "糸がつむぐお話 "写真展 (1) (i-ビル シビックテラス)

2013年 5月・10月 Bishu Material Exhibition（東京 青山ベルコモンズ）にて写真展示。

2014年 4月 個展 "糸がつむぐお話 "(2)

(いちい信用金庫 駅西支店 2階バイオレットホール)

現在、Facebookページ「びしゅうくん。」にて、尾州産地のせんい産業に関わるイベントや写真作品を配信中。

末松　文 WEBサイト：http://www.hitsuji-photo.com

連絡先：a.suematsu@hitsuji-photo.com

びしゅうくん。：http://www.facebook.com/ayasuematsuguenier?ref=hl

糸がつむぐお話 掲載写真

表紙
中伝毛織株式会社
ニットの丸編機
オーバーヘッドクリール（糸スタンド）

P8
中伝毛織株式会社
ドラムに捲き取られた経糸（たていと）。

P9
岩安毛織（一宮市小信中島）
ジャカード※が乗ったションヘル織機※

P10
東和毛織株式会社
前紡工程（スライバー）

P11
東和毛織株式会社
精紡機（クリール）

P12
東和毛織株式会社
精紡機（スピンドル）

P13
東和毛織株式会社
英国式前紡工程（ローバー機）

P14
東和毛織株式会社
前紡工程（ミキシングギル 挿入部）

P15
日本毛織株式会社
トップ※染めの再洗工程の様子。

P16,17
日清ニット　ガラ紡
明治時代に臥雲辰致（がうんときむね）が発明した紡績機械。愛知県三河地方で多く製作され活躍したが1887年をピークに衰退。2009年頃、日清ニットの林社長が廃棄寸前の機械を6台購入。家庭用ミキサーに残糸を掛けたものを、ガラ紡で紡ぐことによって、今までにない糸を作り出している。

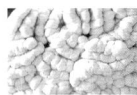

P18
一陽染工株式会社
染められる前の綛（かせ）が大量に置かれている。

P19
茶仙染工株式会社
染められる前の綛（かせ）。

P20
一陽染工株式会社
綛（かせ）染め。

P21
ワコートク染株式会社
絣（かすり）染めをする職人。

P22上
中伝毛織株式会社
チーズ捲き※

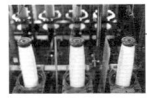

P22下
株式会社神戸企画
合撚機　糸の組み合わせで"撚りバランス"をとる。

P23
糸まき手巻屋
ワインダー※の様子。

P24
東和毛織株式会社
意匠精紡機（トライスピナー）

103

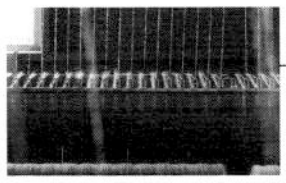

P25
株式会社神戸企画
意匠撚糸※の生産
ドラム起毛に糸をかけ、もんだような柔らかい風合いの毛が出ている糸をつくる。

P26
匠染色株式会社
試験室　染色助剤が並ぶ。

P27
匠染色株式会社
試験室　染料を計る。
何度も試験を繰り返し、色をつくっていく。

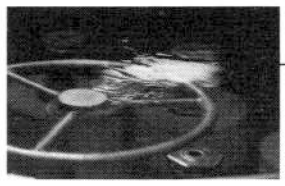

P28
匠染色株式会社
釜の中で染色されている糸。

P29
匠染色株式会社
染められた後の糸。一つの釜で最大800本一遍に染めることができる。

P30,31
中伝毛織株式会社
ニットの丸編機　オーバーヘッドクリール（糸スタンド）

P32
宮田毛織工業株式会社
ハイゲージ 高速丸編ダブルマシン（オーバーヘッドクリール）

P33
宮田毛織工業株式会社
ハイゲージ 高速丸編ダブルマシン（サイドクリール）
目の細かくきれいな生地をつくることができる。

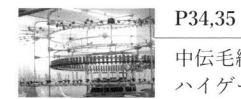

P34,35
中伝毛織株式会社
ハイゲージ高速丸編シングルマシン　ジャカード編機※

P36
株式会社今賢
ジャカード織機※　経糸

P37
株式会社今賢
ジャカード織機

P38,39
中伝毛織株式会社
綜絖（そうこう）差しをする前の経糸。

P40
鵜飼毛織
ションヘル織機の綜絖に通った経糸。

P41
株式会社今賢
ジャカード織機のための経糸
静電気を防止するとともに整経（せいけい）※のむらをなくすため、一本一本経糸をクリルに通す。

P42,43
戸崎毛織
ジャカード織機

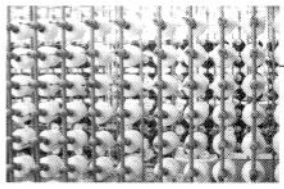

P44
中伝毛織株式会社
整経のために並ぶ糸。

P45上
葛利毛織工業株式会社
整経の準備をする職人。

P45下
葛利毛織工業株式会社
集まってきている経糸。

P46
渡六毛織株式会社
レピア織機※に仕掛かける経糸。

104

P47
土田毛織
整経する職人の手。

P48上
葛利毛織工業株式会社
整経　綜絖差しする職人。

P48下
葛利毛織工業株式会社
整経　綜絖差しする職人の手元。

P49上
土田毛織
綾取り筬（おさ）に通る経糸。

P49下
土田毛織
集まってきた経糸。

P50
渡六毛織株式会社
経糸

P51
土田毛織
ションヘル織機　緯糸（よこいと）が装塡されたシャトルが飛ぶ。手前にもシャトルがある。

P52
土田毛織
40年以上使い続けるションヘル織機の様子を見る職人。

P53
渡六毛織株式会社
経糸に櫛を入れ、整える職人。

P54
土田毛織
ションヘル織機の開口の部分。

P55
土田毛織
ドロッパーを差し込む職人。
経糸が切れると、このドロッパーが下に落ち、織機全体が止まる仕組み。

P56,57
土田毛織
40年以上使い続けるションヘル織機。

P58
土田毛織
織り上がったばかりの布を手にする職人夫婦。

P59
土田毛織
ションヘル織機にのこぎり屋根の窓からの光があたる。

P60
土田毛織
工場の中には糸が張り巡らされているよう。

P61
毛織工場（玉ノ井）
50年間動き続けるションヘル織機に婦人物の糸が掛かる。

P62
中伝毛織株式会社
レピア織機（ベルギー ピカノール社製）が何十台も並ぶ。

P63上
中伝毛織株式会社
レピア織機（ドイツ ドルニエ社製）を扱う10年目の職人。

P63下
中伝毛織株式会社
エアジェット織機（ドイツ ドルニエ社製）は1分間に800〜850回緯糸を打てる。

P64
東和毛織株式会社
前紡機（スーパーローバー）の駆動部。

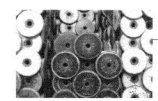

P65
東和毛織株式会社
英国式精紡機に使用する木製ボビン。

105

P66
中伝毛織株式会社
織機に載っている経糸。

P67
株式会社ソトー
毛焼　夏物用スーツ地等の梳毛織物は、織物表面をきれいに仕上げるために余分な毛羽（けば）を焔（ほのお）で焼き取る。

P68,69
株式会社ソトー
整理工程中の反物がたくさん工場内にある様子。

P70
匠整理株式会社
広げた反物を振り落としてたたんでいる様子。

P71
匠整理株式会社
乾燥機より出てきている反物の様子。

P72
匠整理株式会社
整理加工工程を待つ反物に窓からの光があたる。

P73
匠整理株式会社
洗われたばかりの反物から水がしたたる。

P74
株式会社ソトー
蒸絨（じょうじゅう）
羊毛繊維特有の工程で、高温の蒸気により、あたえられた形に固定し形がくずれないようにする（缶蒸絨機）

P75
株式会社ソトー
広げた反物を前後に振って、たたんでいく様子。

P76
匠整理株式会社
起毛された反物のしわ防止のため"馬台車"に載っている様子。

P77
匠整理株式会社
仕上がり検査を待つ反物。

P78
葛利毛織工業株式会社
MADE IN JAPANの耳ネームが入った反物。
耳ネームが入っている生地は特別なものである証。
この工場には 8台ションヘル織機があり、ゆっくり丁寧に糸の特徴を活かして織っている。

P79
土田毛織
のこぎり屋根。
一宮市内だけで 2000棟以上あるとされるせんい産業の象徴である建物。屋根の半分は明かり取りのために窓になっており、その窓は北を向いているものがほとんど。

※ションヘル織機
シャトル織機のこと。シャトル（杼ひ）に緯糸を装填し、動力で飛ばし布を織っていくもの。シャトルが往復するため、緯糸が切れずに布を織っていく。「ションヘル」とは、昔シャトル織機を製造していたドイツの会社名で、尾州では、ションヘル織機と呼ぶのが通常になっている。

※ジャカード/ジャカード織機/ジャカード編機
紋織物を織る機械。穴をあけた紋紙の操作により、複雑な文様が織り出せる。1804年、フランスのジャカール(J.M.Jacquard)が発明。出典：小学館

※トップ
原毛（羊毛）を洗い土砂などを除き、ある程度梳いたもの。

※チーズ捲き
糸を染める際、写真(P.22上)のような形状に捲いて染めることをチーズ染めという。形が食べるチーズに似ているため、そう呼ばれるようになった。

※ワインダー
糸を織機や編機に載せるため、指定の長さに捲き直す工程のこと。

※意匠撚糸（いしょうねんし）
ファンシーヤーンとも呼ばれ、リリアーンやループなど。様々な素材や太さ、色、長さ、張力など、特徴の違う糸を撚り合わせることで、できる様々な形状の糸のこと。組み合わせによって可能性は無限大である。撚糸は、衣服だけでなく、インテリア、カーシートなど多岐に渡る分野で行われる工程。しかし手芸用品だとそのまま製品となる。尾州産地で大変栄えた分野。
参考出典：fashion-heart.com 繊維用語（原料・糸）

※整経（せいけい）
経糸を織機に掛けられる状態にするよう、準備すること。

※レピア織機
無杼（むひ）織機の一種。緯（よこ）入れにバンド状またはロッド状のレピアと呼ばれる部品を用い、その先端で緯糸をつかんで緯入れする織機である。レピアが織機の片側から杼口全幅にわたって貫通して緯入れする型式と、杼口の両側からそれぞれレピアを挿入し、杼口の中央で片側のレピアから一方のレピアへ緯糸を受渡しして緯入れする型式とがある。
出典：ブリタニカ国際大百科事典 小項目事典

ご協力頂いた企業名 (50音順)

糸捲屋	茶仙染工 株式会社
一陽染工 株式会社	中外国島 株式会社
株式会社 今賢	土田毛織
岩安毛織 一宮市小信中島	東和毛織 株式会社
岩安毛織 一宮市三ツ井	戸崎毛織
鵜飼毛織	中伝毛織 株式会社
FDC匠ネットワークメンバー	日清ニット
有限会社 カナーレ	日本毛織 株式会社
葛利毛織工業 株式会社	原田毛織
株式会社 神戸企画	丸三撚糸 有限会社
木玉毛織 株式会社	宮田毛織工業 株式会社
株式会社 SENSEN	森織物 合資会社
株式会社 ソトー	モリリン 株式会社
匠染色 株式会社	山勝染工 株式会社
匠整理 株式会社	ワコートク染 株式会社
丹菊加工所（織物修整）	渡六毛織 株式会社

糸がつむぐお話
一宮のまちと繊維産業

発行日	2014 年 9 月 9 日　第 1 刷
	2016 年 5 月 20 日　第 2 刷
監　修	公益財団法人 一宮地場産業ファッションデザインセンター
著　者	末松グニエ 文(あや)
発　行	モリリン株式会社

発　売　　　　　　株式会社 青菁社
〒603-8053 京都市北区上賀茂岩ヶ垣内町89-7
TEL.075-721-5755　FAX.075-722-3995
http://www.seiseisha.net

装丁・デザイン / 乾山工房
印刷 / サンエムカラー
製本 / 新日本製本

ISBN978-4-88350-302-5
無断転載を禁ずる